百变三明治

彭依莎　主编

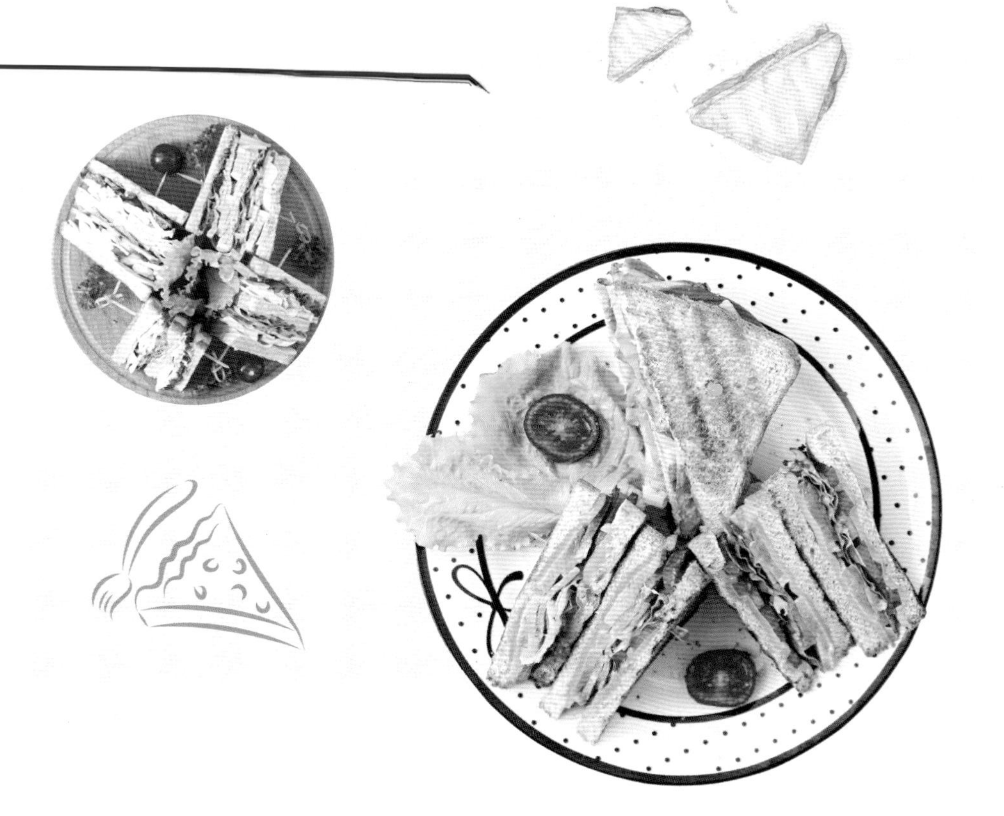

北京出版集团公司
北京美术摄影出版社

图书在版编目（CIP）数据

百变三明治 / 彭依莎主编. — 北京 : 北京美术摄影出版社，2018.12
ISBN 978-7-5592-0190-4

Ⅰ. ①百… Ⅱ. ①彭… Ⅲ. ①西式菜肴—预制食品—制作 Ⅳ. ①TS972.158

中国版本图书馆 CIP 数据核字 (2018) 第 213727 号

策　　划：深圳市金版文化发展股份有限公司
责任编辑：董维东
助理编辑：刘　莎
责任印制：彭军芳

百变三明治

BAIBIAN SANMINGZHI

彭依莎　主编

出　版　北京出版集团公司
　　　　北京美术摄影出版社
地　址　北京北三环中路 6 号
邮　编　100120
网　址　www.bph.com.cn
总发行　北京出版集团公司
发　行　京版北美（北京）文化艺术传媒有限公司
经　销　新华书店
印　刷　北京汇瑞嘉合文化发展有限公司
版印次　2018 年 12 月第 1 版第 1 次印刷
开　本　787 毫米 × 1092 毫米　1/16
印　张　10
字　数　120 千字
书　号　ISBN 978-7-5592-0190-4
定　价　49.00 元

目录

第一章　百变三明治制作攻略

第二章　蔬菜与蛋，让你爱上清新

第三章　滋味肉类，让你一口满足

第四章　海鲜荟萃，怎么吃都不腻

注：本书案例成品图片仅为展示，不与实际制作数量相对应

第一章

百变三明治制作攻略

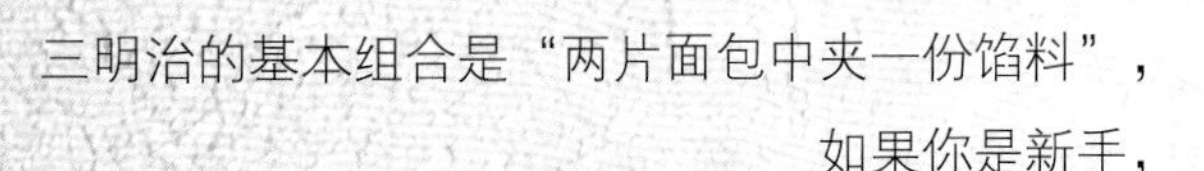

三明治的基本组合是“两片面包中夹一份馅料”，
如果你是新手，
那你就需要了解面包的种类及特质，
了解各种芝士的特性，
这样才能选择合适的食材相互搭配，
做出专业级的美味。

制作三明治常见的工具

烤箱

烤箱是面包、比萨、意面的最佳制作工具。烤箱除了可以烤面包片外，还能烤肉片等美味，与面包片一起制作成花样三明治。

多士炉

多士炉是一种专门用于将切成片状的面包重新烘烤的电热炊具。使用它，不仅可以将面包片烤成焦黄色，还能使其香味更浓和口感更好，便于制作成三明治。

面包齿刀

面包齿刀的长度一般为15厘米、25厘米和30厘米。用面包齿刀切割面包，可以切出较为完整的面包片。

其他刀具

其他刀具一般可以用来切水果、蔬菜，如果用来切割面包片，最好事先用热水泡一下，或者用火烤一下，这样切割的面包片会比较完整。

常用来做三明治的6种面包

白吐司

市面上的半条吐司可切成 8 ~ 10 片薄片吐司或 4 ~ 6 片厚片吐司。馅料少可选用薄片吐司；如果馅料丰富且重口，就可以选择厚片吐司。

全麦吐司

全麦吐司是用没有去掉麸皮和麦胚的全麦面粉制作的面包。全麦吐司的含水量比白吐司低，烘烤出来的口感会更酥脆。

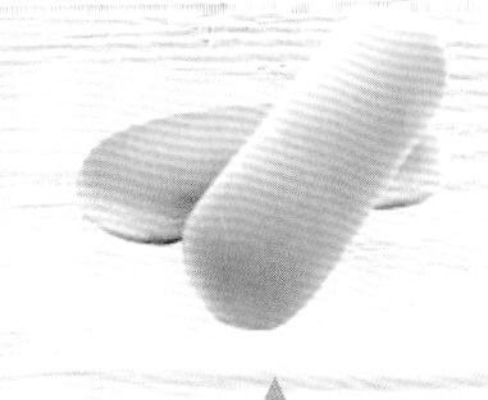

长条餐包

长条餐包适合整个直接拿来制作三明治，只要中间对半切开，放入馅料即可。

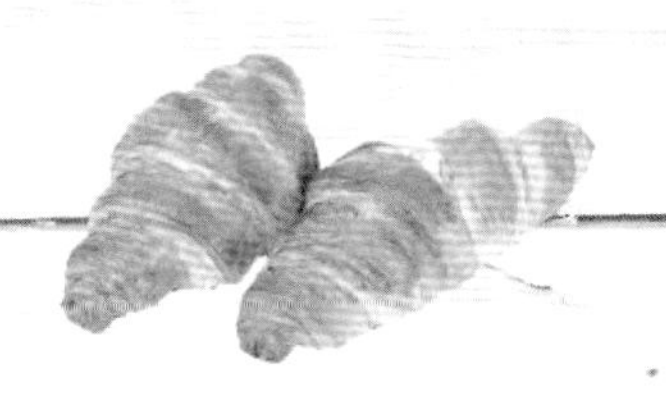

牛角面包

松软可口、奶香浓郁的法国牛角面包可谓是甜品爱好者的最爱，因其形状如牛角而得名，用来制作三明治时，从侧边剖开，再依自己的口味，夹上各种馅料。

法棍

法棍表皮松脆，内里柔软而稍具韧性，越嚼越香。因法棍是长形面包，所以在使用时，可以用斜切的方式来增加面包的面积，非常适合用于派对三明治。

汉堡餐包

汉堡餐包以面粉、酵母、鸡蛋为主材料，一般是为了做汉堡用的，也可以用来制作三明治，松软美味。

常用来搭配三明治的芝士

奶油芝士

奶油芝士柔软湿润，呈膏状，有点像固体酸奶，涂在面包上吃很合适，但因为它属于新鲜芝士，所以保质期短。

切达芝士

切达芝士质地较软，颜色从白色到浅黄不等，味道也因储藏时间不同而有所不同，易被融化，可以作为调料使用。

蓝纹芝士

蓝纹芝士风味辛辣，绿霉菌的繁殖使芝士形成了蓝色花纹，制作三明治时配上坚果和水果，味道相当好。

烟熏芝士

烟熏芝士是带有浓郁烟熏味的半熟芝士。但是要注意：因为烟熏芝士本身已经有咸味，用它搭配其他食材时，要少放盐。

马斯卡彭芝士

马斯卡彭芝士是原产于意大利的一种新鲜芝士，烘烤过后，能产生浓郁的奶香味，口感浓稠。

山羊芝士

山羊芝士体积小巧，形状多样，味道略酸，口感清爽。

帕玛森芝士

帕玛森芝士有浓郁的水果香，需要用一个刨丝器刨碎了吃，有咸咸的奶鲜味。

马苏里拉芝士

马苏里拉芝士淡黄偏白，有一层很薄的光亮外壳，未成熟时质地很柔软，有弹性，容易切片。

大孔芝士

大孔芝士颜色呈深黄色，味道温和，含有坚果和奶油的芳香。

三明治的搭配酱料

橘子黄芥末籽酱

材料：

橘子汁10毫升，黄芥末酱15克，芥末籽酱10克，白糖少许

做法：

把橘子汁、黄芥末酱、芥末籽酱、白糖放入碗中，搅拌均匀即可。

柠檬蛋黄咖喱酱

材料：

柠檬汁8毫升，橙汁5毫升，芥末籽酱15克，固体酸奶10克，咖喱粉少许，蛋黄1个

做法：

把蛋黄、橙汁、固体酸奶、芥末籽酱、咖喱粉、柠檬汁放入碗中，搅拌均匀即可。

菠菜酸奶酱

材料：

菠菜15克，杏仁碎20克，蒜末15克，奶油芝士5克，固体酸奶20克，白糖、盐各少许

做法：

将菠菜煮熟，加入部分杏仁碎、水、盐、白糖打成泥，即菠菜酱；把固体酸奶、蒜末、杏仁碎、奶油芝士打成泥，即酸奶酱。把两种酱装入碟中即可。

蘑菇泥酱

材料：

白玉菇、滑子菇、海鲜菇各10克，芝麻酱8克，固体酸奶15克，蒜末少许

做法：

将所有食材打成泥即可。

蓝纹芝士酱

材料：

蓝纹芝士20克，固体酸奶20克，青柠檬汁10毫升，盐、黑胡椒粉各适量

做法：

在蓝纹芝士中加入固体酸奶、青柠檬汁搅打至融合，加入盐、黑胡椒粉拌匀即可。

蘑菇泥酱
蓝纹芝士酱
菠菜酸奶酱
柠檬蛋黄咖喱酱
橘子黄芥末籽酱

第二章

蔬菜与蛋，让你爱上清新

一层面包，一层蔬菜，一层蛋，
层层叠叠的三明治，
蔬菜与蛋的自由组合，
最大限度地保留了新鲜健康食材的营养，
赋予我们清新爽口的好滋味！

土豆沙拉三明治

人份： 2人份　**时间：** 18分钟

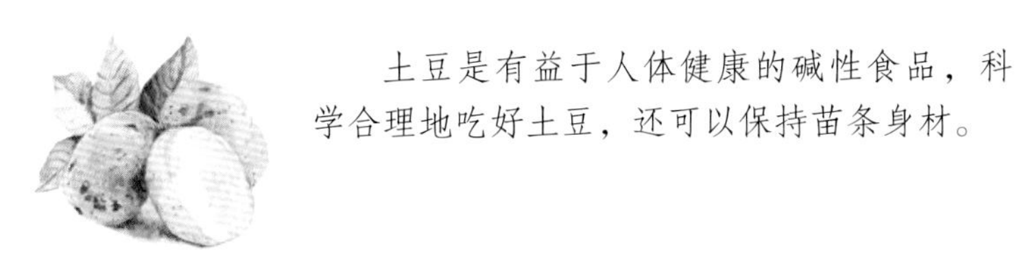

土豆是有益于人体健康的碱性食品，科学合理地吃好土豆，还可以保持苗条身材。

准备材料

土豆100克，小黄瓜70克，水煮蛋1个，罐头甜玉米15克，胡萝卜10克，白吐司2片，美乃滋30克，酸奶30克，盐适量，胡椒适量

制作步骤

1 将白吐司切去四边；土豆去皮洗净并切薄片，放入蒸锅中蒸10~15分钟至熟透，取出压成泥备用。

2 小黄瓜洗净切圆薄片，撒上少许盐，腌渍至入味，洗净盐分并充分沥干水分；胡萝卜洗净切细末；水煮蛋的蛋黄压碎，蛋白切细丁状备用。

3 将美乃滋、酸奶、盐、胡椒混合均匀，加入土豆泥及步骤2的所有材料和甜玉米，充分搅拌均匀成内馅。

4 将内馅均匀铺于1片白吐司上，再盖上另1片白吐司，最后以斜刀切成均等的4块即可。

小贴士

可在蛋黄碎中加入牛奶，这样可以使蛋黄碎黏稠。

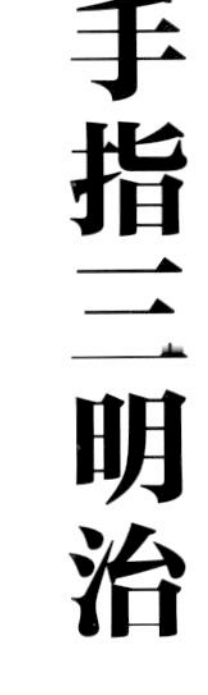

手指三明治

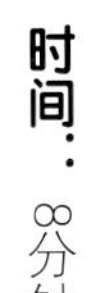

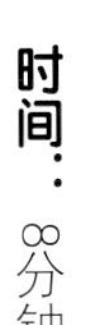

人份： 2人份

时间： 8分钟

胡萝卜中的胡萝卜素在人体内会转变成维生素A，有助于增强机体的免疫功能，在预防上皮细胞癌变的过程中具有重要作用。

准备材料

白吐司2片，小黄瓜2根，胡萝卜30克，奶油10克，酸奶1大匙，美乃滋2大匙，盐少许，白胡椒粉少许

制作步骤

1 将白吐司切去四边；小黄瓜与胡萝卜洗净后切成丝状，用少许的盐拌匀，再去除水分备用。

2 将酸奶、美乃滋、白胡椒粉、盐混合搅拌均匀，再加入小黄瓜丝与胡萝卜丝拌匀，做成馅料。

3 白吐司先抹上少许奶油，再将拌好的馅料平铺在1片吐司上，盖上另1片白吐司即成三明治，切成4等份即可。

小贴士

如果没有美乃滋，可以多放些酸奶。

芝士蔬菜三明治

人份：2人份　　**时间：**8分钟

准备材料

白吐司2片，大孔芝士4片，生菜适量，鸡尾小洋葱125克，小酸黄瓜8个（纵向对半切开），红辣椒粉3克，沙拉酱适量

制作步骤

1 在每片白吐司上放2片大孔芝士，放入预热至200℃的烤箱中层烤制5分钟取出。

2 将备好的生菜洗净切成丝。

3 将鸡尾小洋葱洗净切成丝，小酸黄瓜切成小丁块。

4 将鸡尾小洋葱丝、生菜丝和切好的小酸黄瓜放在其中1片烤好的白吐司上，挤上沙拉酱，盖上另1片白吐司，上面再撒些红辣椒粉点缀一下，对角切开即可。

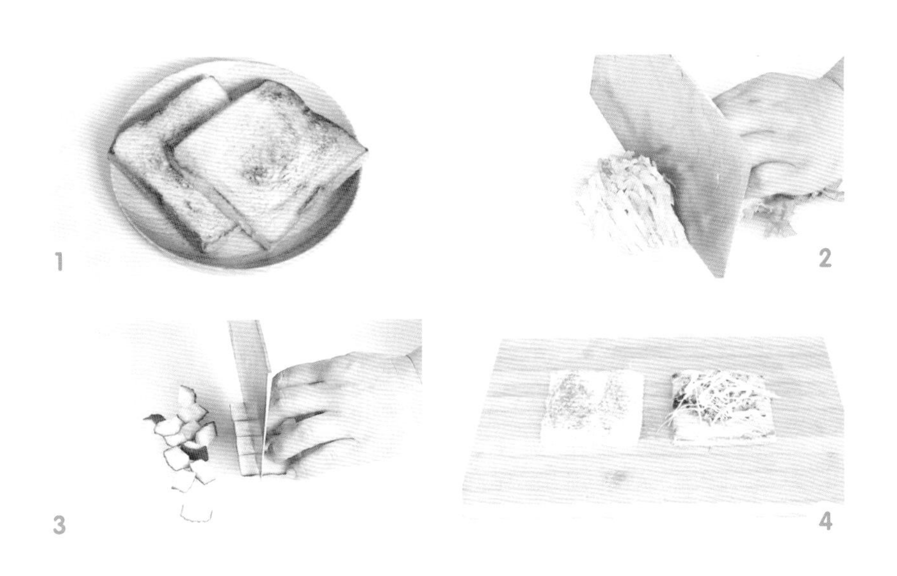

1 2 3 4

小贴士

小酸黄瓜也可以直接当作配菜食用，方便又美味。

热力三明治

人份： 2人份

时间： 7分钟

准备材料

白吐司2片，烟熏火腿40克，生菜20克，黄油20克，马苏里拉芝士2片

制作步骤

1 火腿切成片，待用；洗净的生菜切段；将白吐司四周修整齐，待用。

2 热锅放入黄油融化，放入2片白吐司，略微煎香，再放上适量火腿片。

3 放入2片马苏里拉芝士，再放入火腿片、生菜叶。

4 将2片白吐司往中间一夹，煎至表面金黄色，将煎好的三明治盛出，对角切开即可。

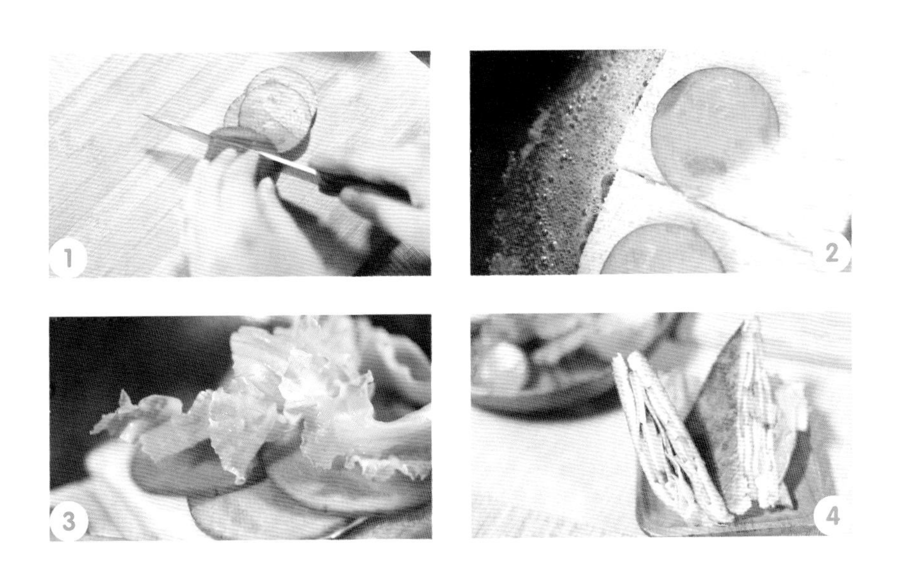

小贴士

吃的时候可蘸着草莓酱或番茄酱。

芥末牛油果三明治

人份： 2人份　**时间：** 5分钟

油酸是牛油果中所含的一种单元不饱和脂肪酸，可代替膳食中的饱和脂肪酸，有降低胆固醇的作用。

准备材料

法棍2片，小黄瓜少许，牛油果1/4个，核桃少许，花生酱8克，黄芥末少许

制作步骤

1 牛油果洗净后，削皮切瓣。

2 小黄瓜洗净，用削皮器削成长薄片备用。

3 平底锅用小火烧热后，放入切好的牛油果，双面煎至微焦后捞起放凉。

4 花生酱和黄芥末混合后，涂抹于法棍面包片上，再依次放上小黄瓜片和牛油果，撒上少许核桃即可。

小贴士

所有的蔬菜洗净后，一定要沥干水分。

多蔬三明治

人份：1人份　**时间：**8分钟

番茄中含有丰富的抗氧化剂，而抗氧化剂可以防止自由基对皮肤的破坏，所以番茄具有美容抗皱的作用。

准备材料

杂粮吐司3片，西芹30克，黄瓜30克，番茄半个，烟熏火腿2片，奶白菜3片，切达芝士2片，樱桃番茄适量

制作步骤

1 西芹洗净，斜刀切小段；黄瓜洗净，对半剖开，切片；番茄洗净，切片；奶白菜洗净；烟熏火腿切片。

2 烧一锅热水，放入西芹段，煮约1分钟，捞出，沥干水分。

3 取1片杂粮吐司，依序放上1片奶白菜、1片火腿、1片番茄、1片切达芝士、适量的西芹段和黄瓜片，再盖上另1片杂粮吐司。

4 再叠上1片奶白菜、1片火腿、1片番茄、1片切达芝士、适量的西芹段和黄瓜片、1片杂粮吐司，顶上放上剩余食材和樱桃番茄，用竹签固定即可。

小贴士

由于烟熏火腿和芝士本身都有咸味，所以蔬菜并没有放入盐、胡椒粉调味。如果口味偏重，可适量加入沙拉酱。

马斯卡彭芝士三明治

人份：3人份

时间：8分钟

樱桃番茄中富含番茄红素等抗氧化物，能够抗衰老，预防心血管疾病，防癌抗癌，防辐射。

准备材料

法棍1条，芝麻菜少许，樱桃番茄少许，马斯卡彭芝士适量，黑胡椒碎少许

制作步骤

1 取法棍，切出3片，备用；将法棍切片放入烤箱中，以上、下火180℃的温度，烤至微热。

2 樱桃番茄洗净，放在吸水纸上吸干水分后，切瓣。

3 芝麻菜洗净后，控干水分。

4 取出法棍片，放上马斯卡彭芝士、樱桃番茄、芝麻菜，再撒上适量黑胡椒碎即可。

小贴士

马斯卡彭芝士是原产自意大利的一种新鲜芝士，未曾经过发酵或熟制，不含水分，不添加食盐，更具牛奶香甜味，比起其他芝士，味道更加绵软润滑，质感丰厚而回味香醇。

芝士小黄瓜三明治

人份： 2人份　**时间：** 8分钟

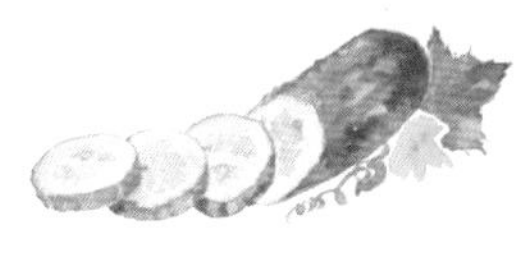

黄瓜中所含的丙醇二酸，可抑制糖类物质转变为脂肪，有利于减肥强体。黄瓜还含有维生素B_1，对改善大脑和神经系统功能有利，能安神定志。

准备材料

白吐司4片，小黄瓜1根，奶油芝士30克，白醋、盐、黑胡椒粉各少许

制作步骤

1 将烤箱温度调至上、下火180℃，白吐司放入烤箱中，烤至微微上色。

2 将小黄瓜洗净，剖成两半，用刮皮刀刮出长薄片。

3 将黄瓜片平铺在盘子里，撒上盐、白醋，静置5分钟，待小黄瓜变软后，以餐巾纸按压小黄瓜表面，吸收多余水分。

4 取出白吐司，将白吐司单面涂上厚厚一层奶油芝士，铺上腌好的小黄瓜片，再撒一些黑胡椒粉调味，最后盖上另1片白吐司。

5 如果不马上吃可以在外层包上保鲜膜，放入冰箱，等待味道融合。

6 吃的时候，从冰箱取出，撕下保鲜膜，沿对角切开即可。

用盐腌过的黄瓜，一定要吸干水分，如果有水分，白吐司会被浸湿变黏。

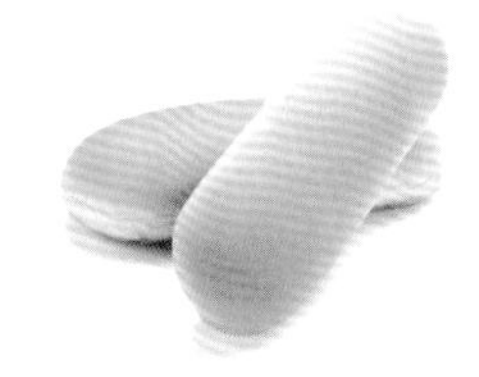

什锦蔬菜干酪三明治

人份：1人份　　**时间：**9分钟

准备材料

长条餐包1条，茄子1根，樱桃番茄50克，黄瓜50克，红彩椒30克，黄彩椒30克，生菜30克，橄榄油10毫升，盐3克，芝士厚片50克，迷迭香适量

制作步骤

1 所有食材洗净；将黄瓜切成片。

2 将红彩椒、黄彩椒和生菜都切成条，迷迭香切成末，茄子切成片，长条餐包剖为两半。

3 将茄子片、黄瓜片、樱桃番茄和两种彩椒条都撒上少许盐，刷上油，放入烤箱，烤软取出。

4 在长条餐包片上放上生菜条，然后依次放上茄子片、黄彩椒条，再放上芝士厚片、红彩椒条、黄瓜片、樱桃番茄，最后放上迷迭香装饰即可。

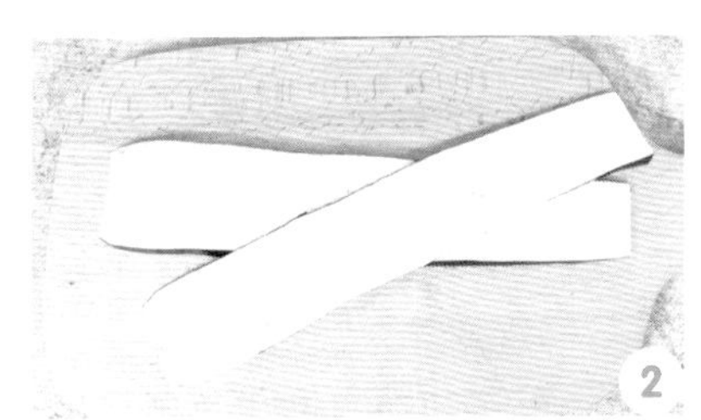

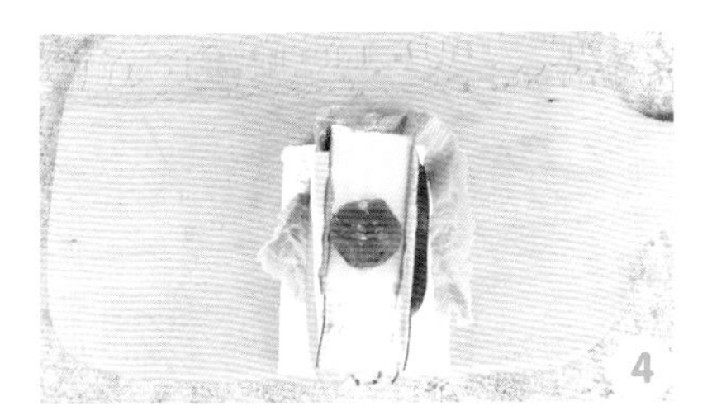

小贴士

芝士的种类也可视个人口味更换。

夏日三明治

人份：3人份　**时间：**5分钟

樱桃萝卜富含维生素C、矿物质元素、芥子油、木质素等多种营养成分，生食可促进肠胃蠕动，增进食欲助消化。

准备材料

杂粮吐司3片，樱桃萝卜3个，葱花少许，胡椒粉少许，奶油芝士适量

制作步骤

1 樱桃萝卜洗净，切片。

2 杂粮吐司放入烤箱中，以上、下火180℃的温度烤约3分钟，待杂粮吐司微热即可。

3 从烤箱中取出杂粮吐司，用面包刀对切成两半。

4 杂粮吐司上抹上适量的奶油芝士，再放上切好的樱桃萝卜片，最后撒上切好的葱花。

5 吃的时候再撒上少许胡椒粉即可。

小贴士

樱桃萝卜一定要吸干水分再制作。

香蒜甜椒芝士三明治

人份： 4人份　**时间：** 10分钟

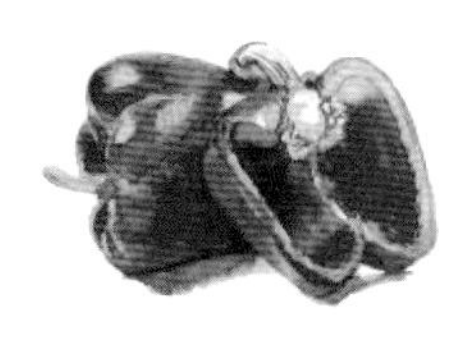

彩椒含有丰富的维生素，其中，维生素C可使体内多余的胆固醇转变为胆汁酸，从而预防胆结石的发生。

准备材料

法棍1条，红彩椒40克，黄彩椒40克，大蒜8瓣，山羊芝士、黑胡椒碎、百里香叶各适量

制作步骤

1 将法棍切出4片，备用。先将烤箱以上、下火200℃的温度预热。

2 将红彩椒、黄彩椒均洗净切丁，大蒜洗净切片。

3 在法棍片上先铺上山羊芝士，再放上红彩椒丁、黄彩椒丁、大蒜片，最后撒上少许黑胡椒碎。

4 放入烤箱中烤约8分钟，待芝士融化即可出烤箱，吃的时候再撒上一些百里香叶即可。

小贴士

蔬菜口感爽脆，加上大蒜特有的香气，再搭配山羊芝士的咸香，这款三明治可谓风味独具。

热带风情三明治

人份：2人份

时间：18分钟

菠萝，又称凤梨、黄梨，是一种热带水果。菠萝含有一种叫“菠萝朊酶”的物质，它能分解蛋白质，溶解阻塞于组织中的纤维蛋白和血凝块，改善局部的血液循环，消除炎症和水肿。

准备材料

吐司4片，菠萝100克，马苏里拉芝士60克，盐、黑胡椒各少许

制作步骤

1 处理好的菠萝切成小片，放入盐水中浸泡10分钟。

2 备好的马苏里拉芝士切厚片，待用。

3 取1片吐司，铺上一层马苏里拉芝士，撒上盐、黑胡椒。

4 再铺上菠萝片、一层马苏里拉芝士，再盖上另1片吐司压实；同样方法制作另一块三明治。

5 将制作好的三明治放入烤箱内，以180℃烤制8分钟至表面酥脆。

6 取出三明治后放置片刻，对角切开即可。

小贴士

马苏里拉芝士加热过后，口感会变得柔软，可以加少量的橄榄油，使三明治吃起来更香。

可可酱香蕉三明治卷

人份：2人份　**时间**：8分钟

香蕉、龙眼、荔枝与菠萝并称为“南国四大果品”，其富含维生素B_1，能促进食欲，助消化，保护神经系统。

准备材料

吐司2片，可可酱适量，香蕉1根，食用油适量

制作步骤

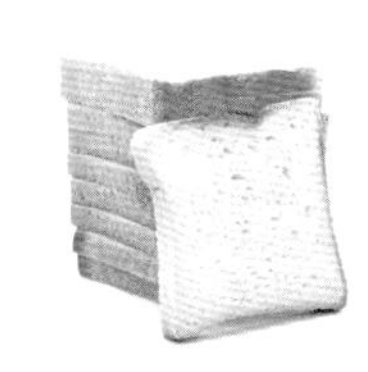

1 将备好的吐司切去四边，再用擀面杖擀薄。

2 用刮刀均匀地给吐司涂上可可酱。

3 香蕉去皮，切成吐司长度的段。

4 将香蕉段放在吐司上，慢慢卷起，待用。

5 热锅注入适量食用油，大火烧至六成热，放入香蕉卷，转以小火慢炸，将其表面炸脆。

6 将炸好的香蕉卷捞出，沥干油分，装入盘子即可。

小贴士

开始炸制香蕉卷时不宜搅动，以免在未定型的情况下使其松散掉。

草莓果酱三明治

人份： 1人份　**时间：** 38分钟

草莓是水果中的皇后，有着浓郁的香味以及多汁的果肉，所含的胡萝卜素是合成维生素A的重要物质，具有明目养肝的作用。

准备材料

白吐司3片，草莓1200克，白砂糖50克

制作步骤

1 草莓洗净，切小丁，放入白砂糖腌渍半小时。

2 奶锅烧热，将腌渍好已经出汁的草莓丁放入奶锅中小火熬制，注意需要不断搅拌至黏稠状态，如想更加黏稠可加入少许食用果胶，即成草莓酱。

3 将白吐司放入烤箱，烤至微微泛黄，取出。

4 将白吐司抹上草莓酱即可。

小贴士

草莓酱可以在周末做好备用。

草莓枫糖芝士三明治

人份：2人份　时间：5分钟

草莓富含鞣酸，在人体内可阻碍消化道对致癌化学物质的吸收，具有防癌作用。草莓对胃肠道和贫血有一定的滋补调理作用。

准备材料

杂粮吐司2片，草莓10颗，薄荷叶少许，枫糖浆少许，奶油芝士约30克，盐少许

制作步骤

1 杂粮吐司切去四边，对半切开。

2 草莓放入盐水中浸泡，再用流水冲洗，用厨房纸巾吸干水分后，去蒂，切片。

3 在杂粮吐司上抹上一层奶油芝士，再放上草莓片，点缀一些薄荷叶。

4 吃的时候再淋上少许枫糖浆，味道会更好。

小贴士

如果家里没有枫糖浆，可用蜂蜜代替。

蓝莓覆盆子果酱三明治

人份：2人份　**时间：**5分钟

蓝莓具有较高的保健价值，所以风靡世界，被誉为“水果皇后”“美瞳之果”，可改善视力，提高人体免疫力。

准备材料

杂粮面包2片，蓝莓10颗，覆盆子果酱适量，奶油芝士适量

制作步骤

1 蓝莓洗净，并控干水分；将杂粮面包放入烤箱中，烤至微热后取出。

2 在2片杂粮面包上抹上一层奶油芝士，再抹上一层覆盆子果酱。

3 最后放上洗净的蓝莓即可。

小贴士

制作时，可根据个人口味，用市售的草莓酱或香橙酱代替覆盆子果酱。

欧包配猕猴桃

人份：1人份　**时间：**5分钟

猕猴桃属于低钠高钾食品，营养成分构成比例比较合理，含有丰富的维生素。

准备材料

法棍1条，豆苗80克，鸡蛋1个，猕猴桃1个，橄榄油5毫升，盐少许，奶油芝士适量

制作步骤

1 将法棍切出2片，备用；猕猴桃洗净去皮，切成薄片状，再对切开，待用。

2 取1片法棍片，在法棍片上均匀涂抹奶油芝士，然后放上猕猴桃片。

3 锅内放少许橄榄油，打入鸡蛋，炒约1分钟，盛出。

4 将豆苗洗净，沥干水分，待用。

5 锅内放少许橄榄油，将豆苗快炒1分钟，放少许盐调味。

6 取另1片法棍片，在法棍片上均匀涂抹奶油芝士，然后放上炒好的豆苗、鸡蛋即可。

小贴士

法棍切片后可放入烤箱，烤至酥脆后取出使用。

HALLO
WEEN

万圣节主题早餐

人份：1人份　时间：8分钟

樱桃含铁量高，位居水果之首，经常食用，能促进血红蛋白再生，既可防治缺铁性贫血，又可增强体质，健脑益智。

准备材料

全麦吐司1片，海苔1小片，鸡蛋1个，猕猴桃1个，樱桃1个，煮熟的荷兰豆少许，杏仁两颗，椰子油、蓝莓酱、巧克力酱各适量

制作步骤

1 用海苔制作一个小恶魔的帽子，放在一边待用。

2 将平底锅放椰子油烧热，转小火，用心形模具煎一个鸡蛋，盛入盘中。

3 将小恶魔的帽子放在鸡蛋黄上方，用巧克力酱画一个小恶魔的表情，即成小恶魔煎蛋。

4 将猕猴桃切片；全麦吐司放入烤箱，以170℃烤5分钟左右。

5 将全麦吐司放入盘中，抹上蓝莓酱，放上猕猴桃片，再放上小恶魔煎蛋。

6 将樱桃分两半，放在盘子中，用巧克力酱画出蜘蛛的脚。

7 在盘边写上HALLOWEEN（万圣节），还可以随手画几个小鬼脸。

8 盘子上再放上两颗杏仁及煮熟的荷兰豆装饰即可。

小贴士

如果家里没有椰子油，可用橄榄油代替。

牛油果果酱三明治

人份： 2人份　**时间：** 5分钟

牛油果也叫酪梨，是一种著名的热带水果，油酸是牛油果所含的一种单元不饱和脂肪酸，可代替膳食中的饱和脂肪酸，降低胆固醇水平。

准备材料

全麦吐司2片，牛油果1个，番茄1个，罗勒叶少许，白糖5克

制作步骤

1 将牛油果去皮、去核，切成小块；洗净的番茄切片，备用。

2 将切好的牛油果放入碗中，撒入白糖，拌匀，放入榨汁机，搅成糊状，制成牛油果果酱。

3 将烤箱以上火220℃、下火180℃的温度预热，放入全麦吐司，烤至全麦吐司呈浅黄色后取出。

4 在全麦吐司上抹适量的牛油果果酱，再放上切好的番茄片，最后放上罗勒叶装饰即可。

小贴士

牛油果果酱还可以直接换成草莓酱。如果是盛产草莓的季节，也可尝试在家自己做草莓酱。

水波蛋牛油果三明治

人份： 2人份　**时间：** 8分钟

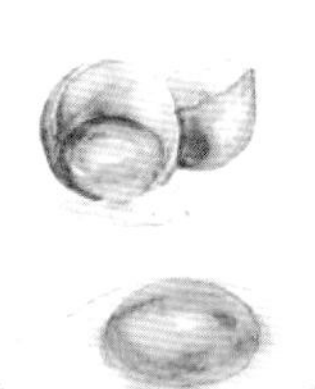

蛋黄中含有丰富的卵磷脂、固醇类以及钙、磷、铁、维生素A、维生素D及B族维生素，这些成分对增进神经系统的功能大有裨益。

准备材料

法棍1个，鸡蛋2个，牛油果1个，南瓜子仁、欧芹碎各少许，奶油芝士适量，醋、盐各少许

制作步骤

1 将法棍切片，放入烤箱中，烤至微热。

2 锅中加水烧热，加入醋和盐，用汤勺搅拌热水至起漩涡。

3 把1个鸡蛋轻轻打入漩涡中，鸡蛋会随漩涡一起旋转，2分钟后捞出，用冷水浸一下，即成水波蛋。依此办法煮熟第2个鸡蛋。

4 洗净的牛油果对半剖开，去核，去皮，切片。

5 取出烤热的法棍片，上面抹一层奶油芝士。

6 放上牛油果片、2个水波蛋，撒上南瓜子仁、欧芹碎。

小贴士

用汤勺搅拌沸水，出现漩涡时立刻打入鸡蛋，这样就可以防止鸡蛋煮烂，而且蛋清和蛋黄也能保持自然形态。

炸芝士三明治

人份：2人份　**时间：**8分钟

牛奶中含有品质很好的蛋白质，包括酪蛋白和少量的乳清蛋白。牛奶中含有人体生长发育所需的全部氨基酸，这是其他食物无法比拟的。

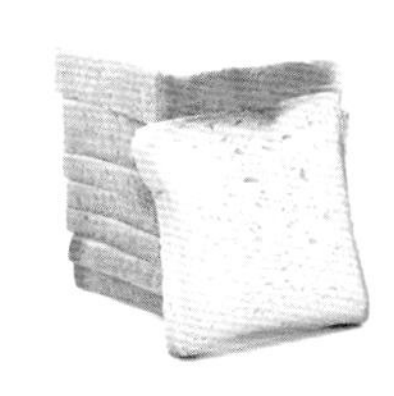

准备材料

吐司2片，马苏里拉芝士50克，牛奶适量，1个鸡蛋的蛋液，低筋面粉适量，盐、胡椒粉、糖粉各少许，食用油适量

制作步骤

1 将吐司切边。

2 马苏里拉芝士切成1厘米的厚度。

3 吐司上放2片马苏里拉芝士，撒上适量的盐和胡椒粉，盖上另一片吐司，切成两半，即成三明治生坯。

4 将三明治生坯先蘸牛奶，再蘸上低筋面粉。

5 最后蘸上鸡蛋液作为炸衣，放入160℃的油锅中。

6 三明治生坯翻面，让前后炸匀呈金黄色，捞出沥干。

7 静置1分钟左右，斜向切半放入盘中。

8 最后撒上糖粉即可。

小贴士

建议用小火炸三明治，以免将三明治炸煳。

芝士片吐司花

人份：1人份　　**时间：**8分钟

准备材料

白吐司4片，芝士片4片，食用油少许

制作步骤

1 将1片白吐司的四边切掉，再用圆形模具按压出圆形的白吐司（白吐司边放一旁备用）；取1片芝士片，用同一个圆形模具按压出圆形芝士片。

2 将圆形芝士片放在圆形白吐司上，卷起，再切成段，即成芝士吐司段。用同样的方法完成剩余芝士吐司段的制作。

3 平底锅里刷上少许食用油后加热，放入芝士吐司段，用小火煎约5分钟至表面变色，取出，待用。

4 将剩余的白吐司边放入锅中，继续用小火煎至两面呈金黄色，取出装盘，将煎好的芝士吐司段放在白吐司边中即可。

小贴士

吃的时候可蘸草莓酱或番茄酱。

棉花糖三明治

人份： 1人份

时间： 6分钟

准备材料

白吐司2片，巧克力酱50克，棉花糖20克，细砂糖少许

制作步骤

1 平底锅加热，放入白吐司，用小火慢煎至白吐司底部上色，将棉花糖放在其中1片白吐司的表面，继续煎一会儿至白吐司表面呈金黄色。

2 将巧克力酱装入裱花袋里，再将适量巧克力酱来回挤在棉花糖上，盖上另1片白吐司。

3 将整个棉花糖吐司翻一面，继续煎一会儿至棉花糖吐司表面呈金黄色。

4 将煎好的棉花糖吐司装入盘中，在表面撒上一层细砂糖，最后来回挤上巧克力酱作装饰即可。

小贴士

如果家里有横纹平底锅，煎出来的三明治会更加漂亮。

班尼迪克蛋三明治

人份：2人份　**时间：**5分钟

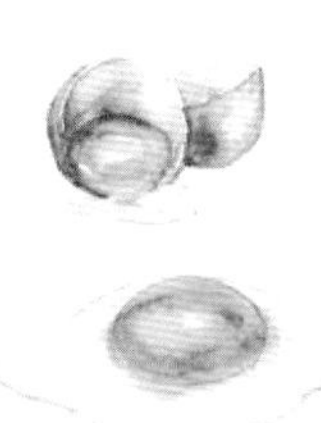

鸡蛋富含不饱和脂肪酸和卵磷脂、卵黄素，对神经系统和身体发育有利，能健脑益智，改善记忆力，并可促进肝细胞再生。

准备材料

法棍1条，鸡蛋4个，培根2片，葱花少许，白醋10毫升，蛋黄2个，黄油10克，柠檬汁10毫升，盐、黑胡椒碎各少许，灯笼椒适量

制作步骤

1 碗中加2个蛋黄、1大匙水，隔水加热，打至起泡，将碗从热水里移走，倒入融化的黄油，拌匀至产生乳化效果。

2 蛋黄中加柠檬汁，以盐、黑胡椒碎调味，再用孔比较密的滤网过滤一遍，即成荷兰酱。

3 将法棍切出2片，备用。烤箱预热，把法棍片放入烤箱中烤至表面焦黄。

4 煮一锅热水，倒入少量白醋；鸡蛋打入小碗里备用。用筷子搅拌热水，在水中转出漩涡后，立刻倒入鸡蛋，煮到蛋清凝固。一旦蛋清凝固，立刻将鸡蛋捞到冷水里降温，即成水波蛋。

5 将切成两半的培根放到平底锅里干煎，煎至焦黄。

6 将培根、水波蛋依序铺在法棍片上，装盘后，淋上荷兰酱，并在水波蛋表面撒上些许葱花，点缀上灯笼椒即可。

小贴士

刚做好的荷兰酱可封上保鲜膜，并以隔水加热的方式保温。荷兰酱可以用超市购买的蛋黄酱代替。

美式炒蛋三明治

人份：1人份　**时间：**10分钟

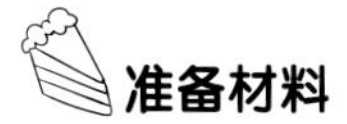

准备材料

白吐司2片，鸡蛋2个，动物性淡奶油25克，牛奶115毫升，细砂糖20克，盐1克，蜂蜜2克，无盐黄油少许

制作步骤

1 鸡蛋中加动物性淡奶油、牛奶、细砂糖拌匀，1片白吐司放在蛋液中泡1分钟。

2 平底锅中加入少许无盐黄油，边加热边搅拌至融化，从碗中取出白吐司放入平底锅，煎至白吐司底部金黄，再将另1片白吐司按照相同方法煎至表面金黄，取出装盘待用。

3 剩余的鸡蛋液中加盐，搅拌均匀；平底锅中加入少许无盐黄油，边加热边搅拌至融化。蛋液倒入平底锅中，边加热，边用筷子搅拌均匀。

4 将炒好的鸡蛋放在煎好的白吐司上，淋上蜂蜜即可。

小贴士

放黄油时要注意，避免油水分离。

热玛芬三明治

人份：3人份　**时间：**15分钟

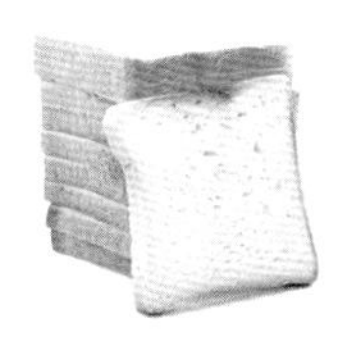

牛奶中所含的钙能在人体肠道内有效破坏致癌物质，将其分解成非致癌物质，并排出体外。

准备材料

白吐司3片，无盐黄油20克，面粉1汤匙，全脂牛奶200毫升，鸡蛋3个，芝士丝少许，火腿或培根3片，白酱少量

制作步骤

1 在小锅中用小火加热无盐黄油至融化，加入面粉不停搅拌均匀。

2 慢慢加入全脂牛奶，调至中火，不停搅拌至黏稠，加入芝士丝，搅拌至融化，待用。

3 将白吐司切去边缘，用擀面杖擀成薄片，每片都刷上融化的无盐黄油。

4 将白吐司塞到玛芬模具里，然后放一小片火腿或培根，再打入一个鸡蛋。

5 加一勺白酱涂在蛋黄上，再撒一些芝士丝在表面。

6 预热烤箱至180℃，放入模具烤10~15分钟即可。

小贴士

可根据个人喜好，选用蓝莓酱或草莓酱等果酱蘸着食用。

第三章

滋味肉类，让你一口满足

手撕猪肉三明治、猪排三明治、红椒烤肉三明治……
各色肉类三明治轻松制作，
肉香四溢，鲜嫩多汁，
满足每一个爱吃肉的人的胃口。
它丰富的层次感能将你的好心情无限放大。

手撕猪肉三明治

人份：3人份　**时间：**130分钟

圆白菜来自欧洲地中海地区，也叫包菜、洋白菜或卷心菜，富含维生素C、维生素E和胡萝卜素等，具有很好的抗氧化作用及抗衰老作用。

准备材料

汉堡餐包3个，圆白菜30克，胡萝卜15克，猪瘦肉400克，卤料包1包，大葱1根，小葱1根，姜5片，酱油5毫升，糖、盐、沙拉酱、烤肉酱各适量

制作步骤

1 大葱洗净，切成段，小葱洗净，切成葱花。将猪瘦肉洗净放入锅中，倒入没过猪肉的水，中火烧开5分钟。

2 取出猪肉，用冷水冲洗掉肉表面的浮沫。

3 倒出锅内的水，将猪肉、酱油、卤料包、大葱段、糖和姜片放入锅中，再一次倒入冷水，水量没过猪肉，中火烧开后盖上锅盖，转小火炖约2小时，直到用叉子能轻易地拨开肉为宜。

4 用叉子在锅中把肉撕成肉丝，放入适量盐，拿掉锅盖，大火收至汤汁黏稠后关火。提前将汉堡餐包放入烤箱内加热。

5 将圆白菜、胡萝卜洗净切丝，装碗，加入沙拉酱拌匀，制成蔬菜沙拉。

6 取出汉堡餐包，依序铺上拌好的蔬菜沙拉、卤猪肉，再淋上烤肉酱，放上葱花即可。

小贴士

如果肉丝的汤汁太多，请先把肉丝沥干。

炸吉列猪排三明治

人份：一人份　**时间：**8分钟

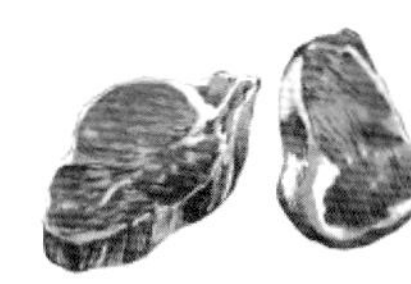

猪里脊含有血红素，能改善缺铁性贫血。猪肉性平味甘，有润肠胃、生津液、补肾气、解热毒的功效。

准备材料

白吐司2片，小里脊160克，圆白菜丝适量，低筋面粉适量，鸡蛋1个，面包粉适量，盐少许，胡椒粉少许，猪排酱汁适量

制作步骤

1 小里脊切成80克1块，用刀子从中间剖开但不要切断，使肉块往两侧摊平，形成肉片，再撒上少许盐及胡椒粉备用。

2 处理好的肉片依序蘸上低筋面粉、打散的鸡蛋及面包粉后放入锅中，以中火炸至两面酥黄，再涂上猪排酱汁备用。

3 白吐司先烤好。

4 取1片白吐司，先铺上沥干水分的圆白菜丝，放上1片涂满酱汁的猪排，再铺上圆白菜丝，最后盖上另1片白吐司，对切成2份长方形三明治即可。

圆白菜丝可泡在冷开水中备用，吃起来会更清脆爽口。但是需要注意的是，要沥干水分再使用。

猪排三明治

人份： 1人份　**时间：** 8分钟

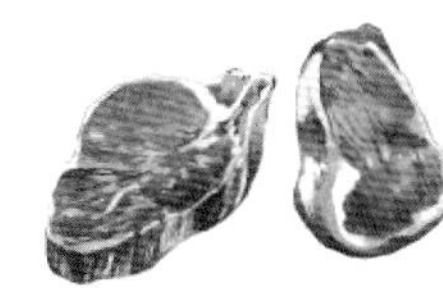

中医认为，猪肉性平味甘，还含有丰富的B族维生素，可以增强体力，帮助人体补充蛋白质。

准备材料

白吐司2片，猪排1块，圆白菜200克，生菜叶1片，芥末籽美乃滋2匙，鸡蛋液适量，面粉、面包粉各适量，猪排酱、白酒、盐、胡椒粉、食用油各适量

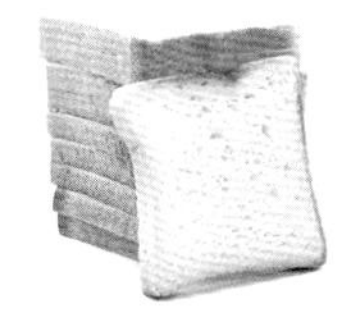

制作步骤

1 将圆白菜洗净，切丝泡水。

2 先用白酒、盐、胡椒粉给猪排调味。

3 轻轻将猪排裹好面粉，再蘸上鸡蛋液，裹好面包粉作为炸衣，放入180℃的油锅中，炸至金黄酥脆后捞出沥干。

4 取1片白吐司，在其中一面涂抹芥末籽美乃滋。

5 再摆放去除水分的圆白菜丝。

6 在圆白菜丝上放上炸好的猪排，并淋上猪排酱。

7 摆上生菜叶，盖上另1片白吐司即可。

小贴士

裹了鸡蛋液的猪排，炸好后颜色更加金黄，吃起来口感更加酥脆。

皮塔面包三明治

人份：2人份　　**时间：**30分钟

准备材料

全麦面团180克，猪肉片130克，生菜叶、番茄片各适量，食用油适量

制作步骤

1 将全麦面团分成两等份，收口、搓圆，静置发酵约10分钟。

2 用擀面杖将全麦面团擀成长条形，再放在铺有油纸的烤盘上，放入已预热至200℃的烤箱中层，烤约15分钟。

3 平底锅中倒入适量食用油，用中火加热，将猪肉片煎至两面变色，盛出；取出烤好的面包，用剪刀剪成两半。

4 将生菜叶、番茄片、猪肉片插入对半切开的面包里即可。

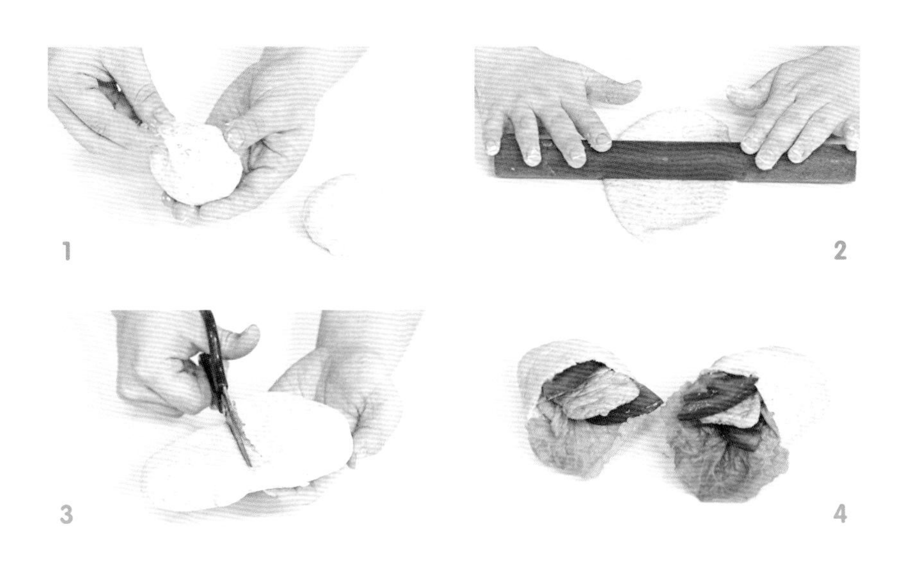

小贴士

平时可以多做一些全麦面团放在冰箱冷藏，但是要在3~5天内食用完。

洋葱营养丰富，所含的微量元素硒是一种很强的抗氧化剂，能消除人体内的自由基，增强细胞的活力和代谢能力，具有防癌抗衰老的功效。

扫一扫看视频

韩式红椒烤肉三明治

人份： 2人份

时间： 15分钟

准备材料

全麦核桃吐司2片，洋葱1/4个，红椒1/2个，肥牛片100克，生菜2片，黄豆酱、砂糖、酱油各少许，芝麻油、白芝麻各适量

制作步骤

1 洋葱洗净，切丝。

2 红椒洗净，切条。

3 肥牛片加黄豆酱、砂糖和酱油，腌渍片刻。

4 平底锅注入适量芝麻油，烧热后，放入腌好的肥牛片，翻炒至变色，加入洋葱丝和红椒条、砂糖，炒软后撒入白芝麻。

5 在全麦核桃吐司上铺上炒好的肥牛片，最后在装盘时，先放上生菜再放上吐司即可。

小贴士

可根据个人的口味来决定酱油的用量。

芝麻贝果三明治

人份： 2人份 **时间：** 12分钟

培根色泽鲜艳，红白分明，瘦肉咸香带甜，肥肉香而不腻，美味可口，能增进食欲。

准备材料

芝麻贝果2个，培根4片，鸡蛋2个，奶油芝士、橄榄油各适量

制作步骤

1 芝麻贝果横刀切成两半，放入烤箱中，以上、下火180℃的温度烤约5分钟，微热即可取出。

2 锅中放入少许橄榄油，放入培根，煎至两面焦黄，盛出培根并将油留在锅中。煎好的培根放在吸油纸上，迅速吸去多余的油分。

3 鸡蛋打散成蛋液，倒入锅中，炒至金黄色即可。

4 在半个芝麻贝果的切面涂上奶油芝士，再放上培根、炒熟的鸡蛋，最后盖上另一半芝麻贝果，依上述步骤将剩余芝麻贝果制作成芝麻贝果三明治即可。

小贴士

鸡蛋上可以适量撒一些黑胡椒碎来调味，这样吃起来味道会更好，更有风味。

蘑菇牛肉三明治

人份：2人份 **时间**：12分钟

生菜中含有膳食纤维和维生素C，有消除多余脂肪的作用。生菜中还含有甘露醇等有效成分，有利尿和促进血液循环的作用。

准备材料

长条餐包2个，生菜2片，牛肉90克，洋葱35克，口蘑50克，黑橄榄2颗，盐2克，黑胡椒粉5克，生抽5毫升，食用油适量，西红柿适量

制作步骤

1 长条餐包放入烤箱烤热；洋葱洗净切丝；西红柿洗净切片；口蘑洗净切片；牛肉洗净切条，加入盐、生抽、黑胡椒粉腌渍；生菜洗净。

2 取出烤盘，铺上锡纸，刷上油，放入切好的口蘑、洋葱、西红柿片、牛肉，放入烤箱中，以上、下火180℃的温度，烤8分钟至熟透入味，取出。

3 取出长条餐包，在餐包中间的开口处依次放入生菜、洋葱丝、口蘑片、牛肉条，最后放上黑橄榄即可。

小贴士

橄榄油更能激发食材的香味，用橄榄油代替食用油烤出来的牛肉更香。

墨西哥卷饼三明治

人份： 3人份　**时间：** 10分钟

牛肉蛋白质含量高，脂肪含量低，味道鲜美，受人喜爱，有“肉中骄子”的美称。牛肉中的肌氨酸含量比其他食品都高，对人体增长肌肉、增强力量特别有效。

准备材料

墨西哥饼皮3张，牛肉200克，樱桃番茄10个，白洋葱半个，生菜6片，罐装玉米1罐，盐、料酒、黑胡椒粉、生抽、食用油各适量，切达芝士3片，帕玛森芝士碎适量

制作步骤

1 牛肉洗净切片，装碗，加入盐、料酒、黑胡椒粉、生抽，搅拌均匀，腌渍5分钟。

2 锅内放入适量食用油，放入腌渍好的牛肉，煎熟，盛起，备用。

3 樱桃番茄洗净切片；白洋葱洗净切圈；生菜洗净；罐装玉米打开，捞出玉米，沥干水分。

4 将墨西哥饼皮放入平底锅中，两面稍微干煎加热。

5 将墨西哥饼皮摊开，依序叠上生菜、煎熟的牛肉片、切达芝士、玉米、樱桃番茄片、洋葱圈，再扎实地卷成卷儿，包上油纸，用绳子系紧，吃的时候撒上一些帕玛森芝士碎即可。

小贴士

如果牛肉的水分过多，卷饼会变软变塌，请注意煎制牛肉时的水分。

牛肉三明治

人份：4人份　**时间：**220分钟

番茄性凉味甘酸，有清热生津、养阴凉血的功效，可缓解发热烦渴、口干舌燥、牙龈出血、胃热口苦、虚火上升等。

准备材料

白吐司8片，美国嫩肩里脊牛排600克，培根8片，生菜4片，番茄2个，芥末酱1大匙，盐、黑胡椒、橄榄油各少许

制作步骤

1 锅中放橄榄油烧热，将培根放入煎脆；生菜洗净切块；番茄洗净切厚片备用。

2 将芥末酱、盐、黑胡椒涂抹在嫩肩里脊牛排的表面，腌约3小时后以中火将表面煎熟，封住肉汁后放入已预热的烤箱，以160℃烤40分钟至约五分熟。

3 将烤好的牛肉取出，静置冷却后放入冰箱，等用时再取出。

4 将白吐司放入多士炉中烤至两面金黄。

5 将白吐司放在最底层，依序放上生菜、培根、番茄片，最后放上切成3～5毫米厚的薄牛肉片，再盖上另一片白吐司，斜角对切开即可。

小贴士

牛肉的水分如果过多，三明治会变软变塌，可将腌渍好的牛肉沥干再煎烤。

蘑菇鸡肉三明治

人份：2人份　时间：10分钟

蘑菇营养丰富，味道鲜美，含多种抗病毒成分，可以帮助人体抵抗病毒，提高免疫力。

准备材料

全麦吐司2片，鸡胸肉1块，洋菇2个，墨西哥辣椒片6片，马苏里拉芝士1片，蘑菇酱适量，盐、胡椒粉、食用油各少许

制作步骤

1 鸡胸肉洗净切成1厘米的厚度，撒上盐和胡椒粉。
2 洋菇洗净去掉外层薄皮，切片。
3 平底锅中加入食用油，加热后放入洋菇片和少许盐、胡椒粉，快速翻炒后盛盘。
4 锅中加油，将鸡胸肉两面煎成金黄色。
5 在1片全麦吐司上铺满鸡胸肉。
6 鸡胸肉上放上蘑菇酱，再放上洋菇片。
7 洋菇上摆放墨西哥辣椒片。
8 马苏里拉芝士切成3厘米厚的片，放在墨西哥辣椒片上。
9 盖上另1片全麦吐司，放入预热180℃的烤箱中烤4~5分钟，让马苏里拉芝士融化，取出后斜角对切开即可。

小贴士

先预热烤箱，可节约时间。墨西哥辣椒片也可以换成普通的彩椒片，味道同样鲜美。

咖喱鸡肉三明治

人份：2人份

时间：18分钟

准备材料

吐司2片，鸡胸肉100克，黄彩椒1个，香菜叶少许，青酱、盐、胡椒粉各少许，咖喱粉、食用油各适量

制作步骤

1 将鸡胸肉放入盐水中浸泡10分钟，捞出吸干水分，两面撒上咖喱粉、盐、胡椒粉，腌渍片刻。

2 煎锅注油烧热，放入鸡胸肉，将其煎熟，盛出待用。

3 洗净的黄彩椒在火上烤至表皮黑色，将烤黑的黄彩椒放入冰水中浸泡，将烤黑的表皮洗去，切开去籽儿，再切成条。

4 煎锅上油烧热，放上吐司，略微烤制（煎锅有底纹时可烤出花纹），取1片吐司涂上少许青酱，铺上鸡胸肉、彩椒条、香菜叶，再叠上吐司，斜角对切开即可。

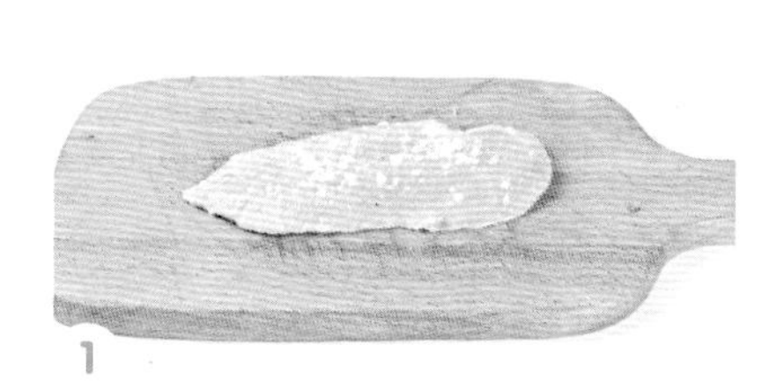
1

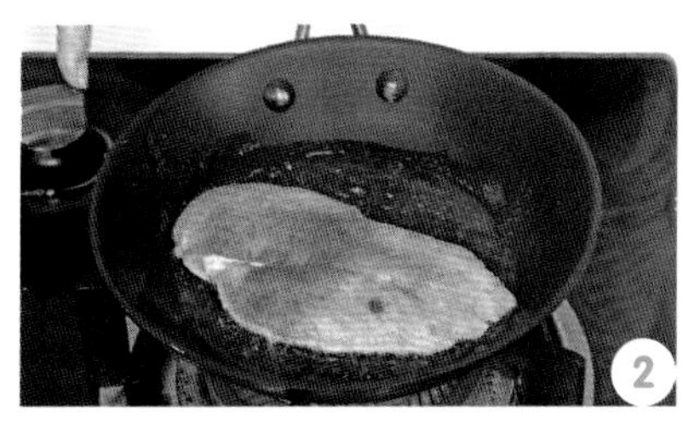
2

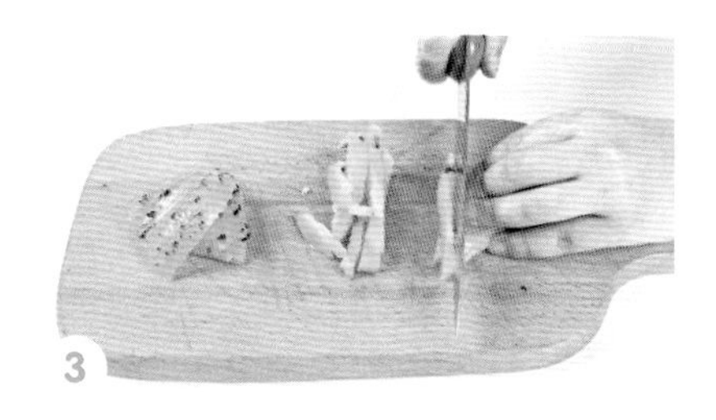
3

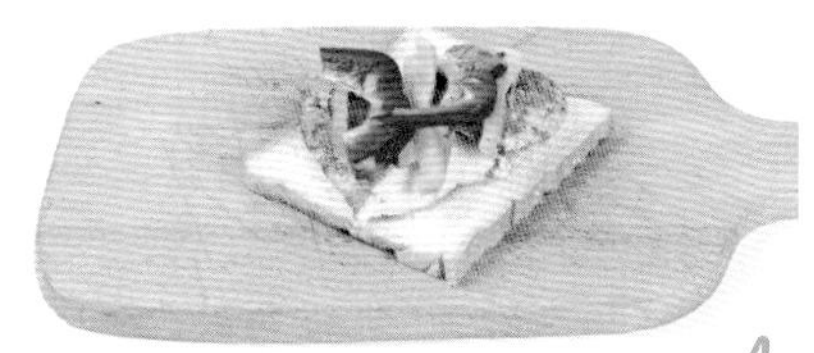
4

小贴士

烤黄彩椒是为了更好地去除甜椒的外皮，使黄彩椒的甜味与香味浓缩，食用时更加可口。

泰式甜辣酱烤鸡三明治

人份： 2人份　**时间：** 15分钟

鸡肉含有多种维生素及钙、磷、锌、铁、镁等成分，是人体生长发育所必需的，对儿童的成长也很重要。

准备材料

鸡胸肉300克，汉堡餐包2个，黄瓜片、洋葱圈、小辣椒圈各适量，新鲜萝卜缨适量，姜、葱、蒜各少许，盐、黑胡椒粉、糖、五香粉、蚝油各适量

制作步骤

1 烤箱以上、下火200℃的温度预热，将汉堡餐包横向切开。

2 鸡胸肉洗净后，切厚片；萝卜缨去根，洗净，沥干水分。

3 将姜、葱、蒜洗净切好，放入搅拌机，加少许水打成汁，加盐、黑胡椒粉、糖、五香粉、蚝油搅匀，制成泰式甜辣酱，分为两份。一份待用，另一份放入鸡胸肉片腌渍。

4 烤盘中铺入锡纸，倒入鸡肉，放入烤箱中烤约8分钟。

5 横纹平底锅烧热后，放入切开的汉堡餐包，烤约3分钟，即可出现漂亮的炙纹。

6 取一个汉堡餐包的下半部分，抹上留置的那份泰式甜辣酱，再放上萝卜缨、烤好的鸡胸肉，最后放上黄瓜片、洋葱圈，再盖上汉堡餐包的上半部分，撒上小辣椒圈即可。

如果家里没有横纹平底锅，可用烤箱的烤架来烘烤，这样烤出来的纹路也很好看。

午餐三明治

人份：2人份　　**时间：**8分钟

准备材料

白吐司100克，番茄100克，鸡胸肉150克，欧芹叶适量，蛋黄酱20克，盐3克，胡椒粉5克，橄榄油15毫升，糖粉适量

制作步骤

1 番茄横切成圆片；鸡胸肉洗净，横切成大片，用盐和胡椒粉腌渍片刻。

2 白吐司修齐四边，放入预热至180℃的烤箱中烤约2分钟后取出。

3 锅中倒入橄榄油，烧热，小火将鸡胸肉煎熟，盛出备用。在白吐司的一面抹上蛋黄酱，再依次放上欧芹叶、鸡胸肉、番茄片，再盖上另1片白吐司。

4 将码好的白吐司对角切成两个三角形，最后再撒上过筛的糖粉即可。

小贴士

鸡胸肉可以腌渍好放入冰箱冷冻，随取随用，这样不仅能节约烹饪时间，还能使鸡胸肉更入味。

营养三明治

人份： 1人份

时间： 20分钟

准备材料

面团90克，火腿肠片、生菜叶、芝士片各适量

制作步骤

1 将面团切割、整形。取烤盘，铺上油纸，再放上面团，放入已预热至180℃的烤箱中层，烤约10分钟，取出烤好的面包，待用。

2 在烤好的面包正中间切上一刀，但不切断。

3 先加入生菜叶。

4 再加入火腿肠片、芝士片即可。

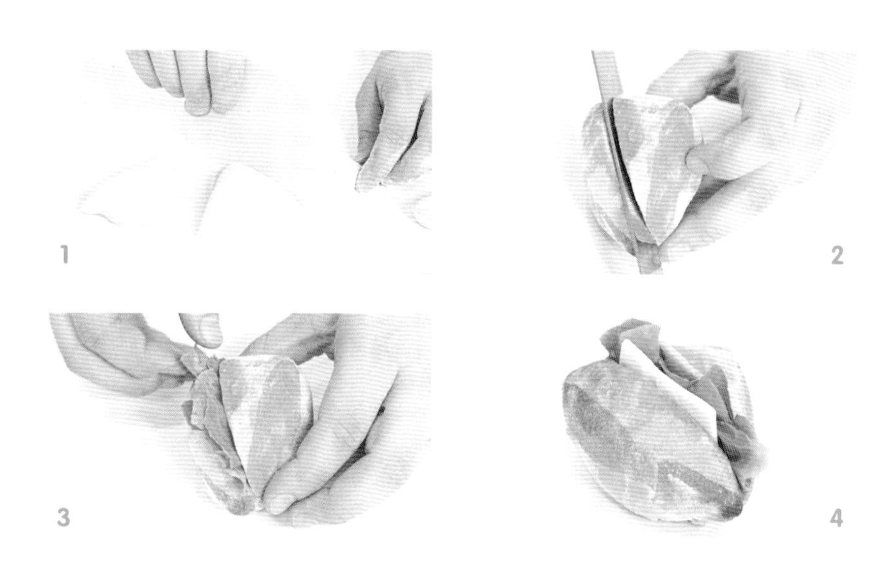

小贴士

面包中间还可以加入番茄片、洋葱丝等蔬菜。

火腿三明治

人份：2人份　　**时间：**12分钟

准备材料

白吐司2片，火腿肠1根，酸黄瓜40克，樱桃番茄30克，生菜叶20克，沙拉酱适量，食用油适量

制作步骤

1 将火腿肠去除外包装，切成长片；将樱桃番茄去蒂，切成片；将酸黄瓜切成片。

2 平底锅中倒油烧热，放入火腿肠片，用中小火煎至上色，盛出，沥干油分。

3 另起干净的锅加热，放入1片白吐司，用中火煎至底面呈金黄色，翻面，继续煎至呈金黄色。依此法将另1片白吐司煎好。

4 取出1片白吐司，挤上沙拉酱，放上洗净的生菜叶、酸黄瓜片，再挤上沙拉酱，放上煎好的火腿肠片，挤上沙拉酱，放上樱桃番茄，来回挤上沙拉酱，盖上另1片铺有生菜叶的白吐司，轻轻压紧，用刀修去四边、四角，再沿对角线切成4块，装盘即可。

小贴士

所有的蔬菜洗净后，一定要沥干水分再使用，避免将白吐司浸湿，影响白吐司的口感。

蛋黄酱火腿三明治

人份： 4人份

时间： 8分钟

准备材料

小面包4个，火腿片、生菜叶、番茄片、蛋黄酱各适量

制作步骤

1 取出烤好的小面包，用切刀横切开，但不切断。

2 往切口处塞入生菜叶，挤上蛋黄酱。

3 放入番茄片，挤上蛋黄酱。

4 最后放入火腿片，挤上蛋黄酱即可。

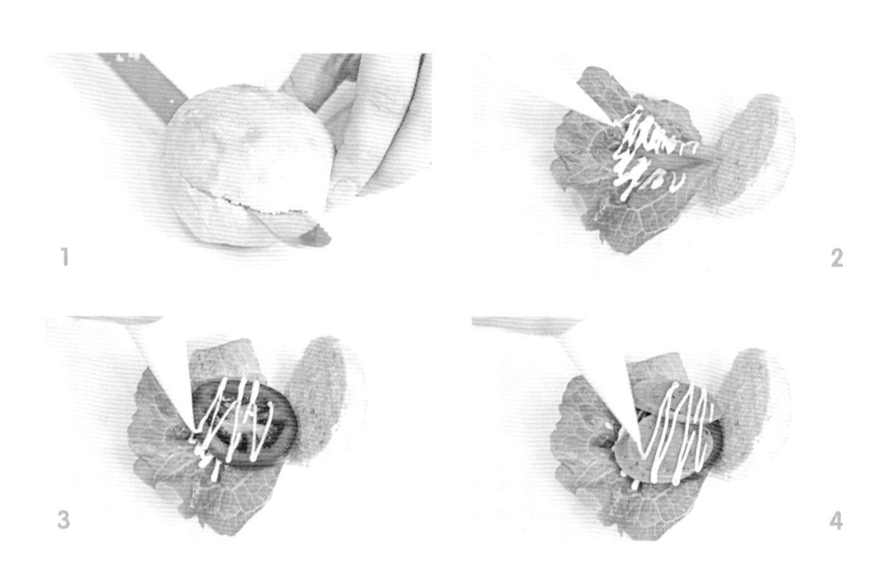

小贴士

火腿片还可以换成香肠、海鲜肠等，可以放入平底锅中稍微煎一下，更具风味。

牛油果芝士三明治

人份： 1人份　**时间：** 6分钟

火腿可以提供人体生理活动必需的优质蛋白质、脂肪，还有丰富的钙质，可维护骨骼健康，使人精力充沛。

准备材料

全麦吐司3片，牛油果1个，芝士2片，火腿2片，黑胡椒碎少许

制作步骤

1 备好的牛油果对切开，去除果核、果皮。

2 将牛油果用勺子捣成泥状，加入黑胡椒碎，拌匀。

3 在1片全麦吐司上抹上适量牛油果泥，再放上1片芝士和1片火腿。

4 盖上1片全麦吐司，叠上1片芝士、1片火腿。

5 均匀地涂抹上牛油果泥。

6 再盖上1片全麦吐司，压实后切成自己喜欢的大小即可。

小贴士

牛油果的“油”是牛油果的精髓，只有在牛油果成熟的时候才有最佳的油量。成熟的牛油果是接近黑色的，而不是鲜绿色的。

火腿芝士卷

人份：1人份　　**时间：**8分钟

准备材料

白吐司2片，火腿4片，切达芝士2片，1个鸡蛋的蛋液量，面包粉适量，食用油适量

制作步骤

1 白吐司切掉边压平，2片白吐司上分别依序叠上1片火腿、1片切达芝士、1片火腿。

2 留下2~3厘米的部分作为尾端，把白吐司卷起来，用保鲜膜包住，放置一段时间固定成圆柱状。

3 白吐司卷蘸上鸡蛋液，再蘸上面包粉做成炸衣。

4 将白吐司卷放入170℃的油锅中，炸至外表呈金黄色时捞出沥干，在白吐司卷底端插上竹签即可。

小贴士

炸制之前一定要用保鲜膜固定造型并压去中间的空气，否则加热后内部空气膨胀，会产生松散现象。

火腿蛋三明治

人份： 1人份

时间： 6分钟

准备材料

白吐司2片，圆生菜叶、番茄、黄瓜各适量，火腿1~2片，鸡蛋1个，美乃滋适量，食用油适量

制作步骤

1 煎锅注油，打入鸡蛋，煎至半熟。

2 番茄洗净去蒂切成片，将黄瓜洗净斜刀切薄片。备好的火腿去除包装，切成薄片。

3 取1片白吐司，在一面涂抹好美乃滋。

4 逐层放上火腿片、煎蛋、圆生菜叶、番茄片、黄瓜片，再将第二片白吐司盖上，切成自己喜欢的形状即可。

小贴士

半熟的煎蛋会让三明治更温润美味，如果不喜欢半熟的煎蛋，可以倒入少许清水后加盖焖熟，味道也是非常不错的。

火腿鸡蛋汉堡

人份：1人份　时间：6分钟

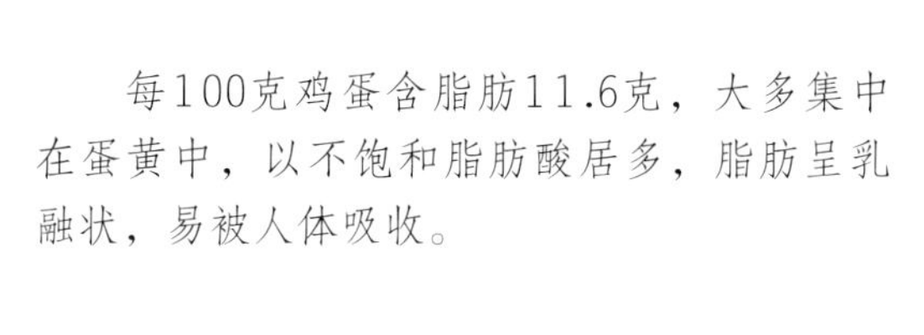

每100克鸡蛋含脂肪11.6克，大多集中在蛋黄中，以不饱和脂肪酸居多，脂肪呈乳融状，易被人体吸收。

准备材料

长条芝麻面包1个，熟鸡蛋2个，生菜叶适量，火腿100克，橄榄油适量

制作步骤

1 长条芝麻面包平切成两半，火腿切成薄片待用，将熟鸡蛋剥壳之后切成约1厘米的厚片待用。

2 在烧热的锅中注入橄榄油，将切好的火腿片放入锅中，煎至金黄色盛出。

3 在长条芝麻面包底部的一半上放上生菜叶，平铺上鸡蛋片。

4 将火腿片放到鸡蛋片上，最后放上有芝麻的那半块长条芝麻面包即可。

小贴士

长条芝麻面内还可以夹入番茄片、洋葱等，同样美味。

白吐司火腿三明治

人份：1人份　　**时间：**8分钟

准备材料

白吐司2片，黄瓜40克，番茄50克，芝士片1片，方形火腿20克，美乃滋适量

制作步骤

1 白吐司放入烤盘，放进180℃的烤箱烤4分钟，使香味散发。

2 芝士片切成小块，方形火腿切薄片，番茄洗净切成薄片，黄瓜洗净斜刀切成片，备用。

3 在白吐司的一面均匀地涂抹上美乃滋。

4 在其中1片白吐司上放上火腿片、芝士块、番茄片、黄瓜片，再盖上另1片白吐司，切成自己喜欢的大小即可。

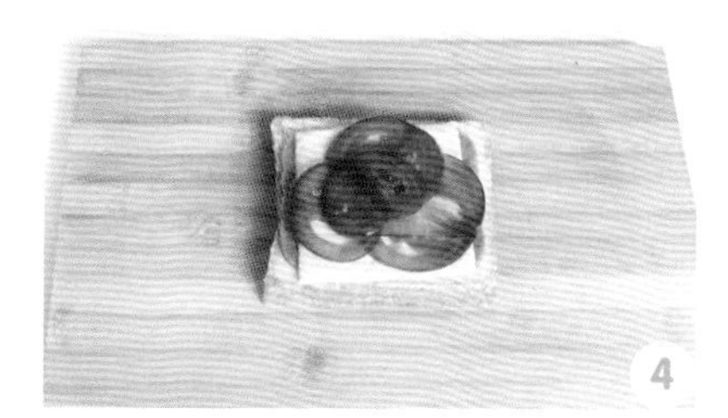

小贴士

做三明治的时候，中间的蔬菜一定要将水沥干，如果白吐司吸收了蔬菜中的水分会变得又湿又软，口感变差。

薄荷酱佐火腿三明治

人份：3人份　**时间：**12分钟

薄荷作用于皮肤有灼感和冷感，可以刺激中枢神经，对感觉神经末梢有抑制和麻痹的作用。

准备材料

小面包3个，火腿片3片，番茄适量，新鲜的薄荷叶1把，奶油芝士适量，水果醋、糖浆各2大匙

制作步骤

1 将小面包放入上、下火180℃的烤箱中，烤至微热。

2 新鲜的薄荷叶洗净，沥干水分，切碎，装碗，加入糖浆、水果醋，搅拌均匀，即成薄荷酱。

3 番茄洗净，切片。

4 取出小面包，用刀将其切成两半，取其中半个先抹上一层薄荷酱，再抹上奶油芝士，放上番茄片、火腿片，再刷上一层薄荷酱，最后盖上另一半小面包即可。

5 依次完成另外2个小面包的制作。

小贴士

夏天来临时，在家里养一盆薄荷，可用来装饰餐点、做一杯清凉可口的薄荷饮，或是制成薄荷酱，都是非常好的选择。

芦笋芝士三明治

人份：2人份　**时间**：10分钟

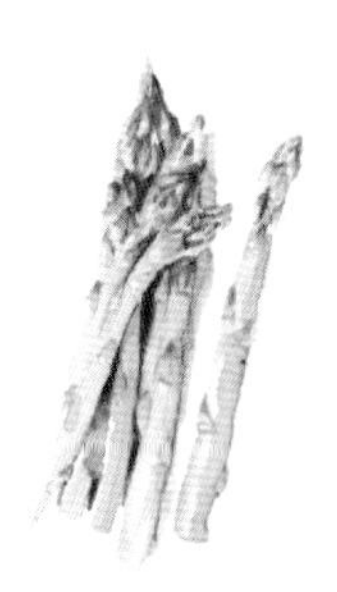

芦笋含有丰富的抗癌元素之王——硒，能阻止癌细胞分裂与生长。

准备材料

法棍半条，芦笋4根，杏鲍菇50克，培根1片，奶油适量，盐、黑胡椒粉、食用油各适量，芝士丝适量

制作步骤

1 芦笋放入沸水中烫熟，可加入适量盐，使芦笋的颜色更绿。
2 杏鲍菇洗净沥干水分，切片状。
3 培根切片，装碗备用。
4 平底锅注入少量食用油，烧热，放入培根片，煎至油脂析出后，盛起备用，将油留在锅底。
5 将杏鲍菇片放入留有油的锅中，煎至两面变色后，盛出。
6 将法棍对半剖开，抹上奶油，放上芦笋。
7 再依序放上杏鲍菇片、培根片，撒上芝士丝、黑胡椒粉、盐。
8 放入烤箱中以上、下火200℃烤约8分钟后，取出即可。

小贴士

杏鲍菇可以用口蘑或香菇来代替。芦笋最好用绿芦笋，也可以用白芦笋代替。

be
play

菠菜中所含的胡萝卜素，在人体内会转变成维生素A，维护视力正常和上皮细胞的健康，提高机体预防传染病的能力，促进儿童的生长发育。

菠菜鸡肉三明治

人份：2人份

时间：10分钟

准备材料

牛角包2个，菠菜100克，鸡肉100克，橄榄油适量，日本酱油、黄芥末酱各适量，盐、黑胡椒粉各少许

制作步骤

1 菠菜清洗干净，沥干水分后，切成小段。

2 鸡肉切片，装碗。

3 平底锅注入橄榄油，放入鸡肉片，中火翻炒至表面变色。

4 再加入盐、黑胡椒粉、黄芥末酱、日本酱油，调味，翻炒至收汁。

5 关火，放入菠菜段拌炒，用余热使菠菜微软后盛出。

6 从中间剖开牛角包，夹入炒好的菠菜鸡肉即可。

小贴士

如果将鸡肝和菠菜一起炒，放入牛角包中一起食用，味道会更好。

派对三明治

人份：4人份　时间：8分钟

樱桃萝卜是一种小型萝卜，水分多，维生素C含量是番茄的3~4倍，还含有较多的矿物质元素，有通气宽胸、健胃消食、除燥生津的作用。

准备材料

法棍1条，樱桃萝卜2个，樱桃番茄3个，小黄瓜1根，萨拉米香肠片5片，芝麻叶1把，奶油芝士适量，莳萝草、胡椒粉、熟白芝麻各少许

制作步骤

1 将法棍切出8片，备用；樱桃番茄洗净，沥干水分，对半切开。

2 樱桃萝卜洗净后，沥干水分，切片。

3 小黄瓜洗净后，沥干水分，切厚片。

4 芝麻叶、莳萝草洗净，沥干水分。

5 法棍片放入烤箱，烤至微热后，取出。

6 在法棍片单面涂上奶油芝士，取一半法棍片放上芝麻叶、黄瓜片、樱桃萝卜片，另一半放上芝麻叶、萨拉米香肠片、樱桃番茄。

7 吃的时候，可任意添加上一些熟白芝麻、胡椒粉、莳萝草即可。

小贴士

一口一个大小的三明治，非常适合当派对的点心。可以根据个人的口味增减蔬菜的用量。

德国油煎香肠三明治

人份：2人份　时间：12分钟

香肠味道独特，可以开胃助食、增进食欲。

准备材料

长条餐包2个，香肠2根，洋葱半个，培根3片，青椒碎适量，盐、黑胡椒碎、番茄酱、食用油各适量

制作步骤

1 将长条餐包提前放入烤箱中，烤至微热。

2 培根切小块，洋葱洗净切丝，香肠表面用刀划“十”字。

3 平底锅置于火上，放上少许食用油，放入培根块，煎至出油后，放入切好的洋葱炒至变软，调入黑胡椒碎、盐炒匀，盛出。

4 平底锅中再放入少许食用油，放入香肠，煎至香肠表面开花，盛出。

5 取出长条餐包，夹入香肠，淋上番茄酱，再放入炒好的培根和洋葱，最后撒上青椒碎即可。

小贴士

主材料是香肠，所以香肠超出长条餐包外也没关系，可视个人口味，加入黄芥末酱等其他酱料调味。

香肠蔬菜三明治

人份： 4人份　**时间：** 13分钟

洋葱营养丰富，含有可降血糖的有机物，有较好的降低血糖和利尿的作用。

准备材料

法棍1条，紫洋葱1/4个，紫甘蓝20克，西生菜20克，小黄瓜半根，番茄半个，薄荷叶少许，小香肠4根，食用油少许，甜辣酱、黄芥末酱各适量

制作步骤

1 将法棍沿长度方向切成两部分（不完全切开），再切为4等份，放入烤箱中加热。

2 食材洗净。将紫洋葱切碎，紫甘蓝切丝，小黄瓜切小丁，西生菜撕成小片，番茄切小丁，一起装碗后，淋入适量甜辣酱，加入薄荷叶拌匀，制成蔬菜沙拉。

3 小香肠用刀划上“十”字花刀。

4 锅内放入适量食用油，放入小香肠，煎至表面开花后盛出，放在吸油纸上，吸去油脂。

5 依序往法棍里放上适量拌好的蔬菜沙拉、小香肠，再在小香肠上淋上适量黄芥末酱、甜辣酱，最后再放上拌好的蔬菜沙拉即可。

小贴士

剩下的小黄瓜、紫甘蓝、紫洋葱、番茄、西生菜也可以加入适量沙拉酱拌匀，直接当作配菜食用，方便又美味。

酸黄瓜热狗三明治

人份：3人份　**时间：**8分钟

番茄色泽鲜艳，汁多肉厚，酸甜可口，其所含的苹果酸、柠檬酸等有机酸，能促使胃液分泌，有利于人体消化脂肪及蛋白质。

准备材料

长条餐包3个，香肠3根，洋葱半个，番茄半个，小黄瓜1根，罐装酸黄瓜、生菜、香菜碎各适量，黄芥末酱、泰式甜辣酱各少许，食用油适量

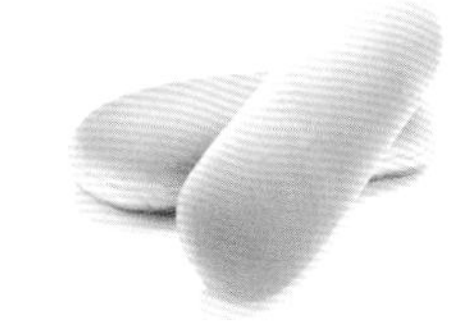

制作步骤

1 将长条餐包提前放入烤箱中，烤至微热。

2 小黄瓜洗净切片，洋葱洗净切丁，生菜洗净沥干水分，罐装酸黄瓜切小片，番茄洗净切片。

3 平底锅内放入少许食用油，放入香肠，煎至香肠表面开花，盛出。

4 取出长条餐包，夹入生菜、小黄瓜片，再放入香肠，淋上黄芥末酱、泰式甜辣酱，再放入洋葱丁、番茄片，最后撒上酸黄瓜片、香菜碎即可。

小贴士

将香肠煎至表面开花，再放上酸爽的酸黄瓜，这时候再来上一杯黑啤，慢慢享受德式早午餐吧！

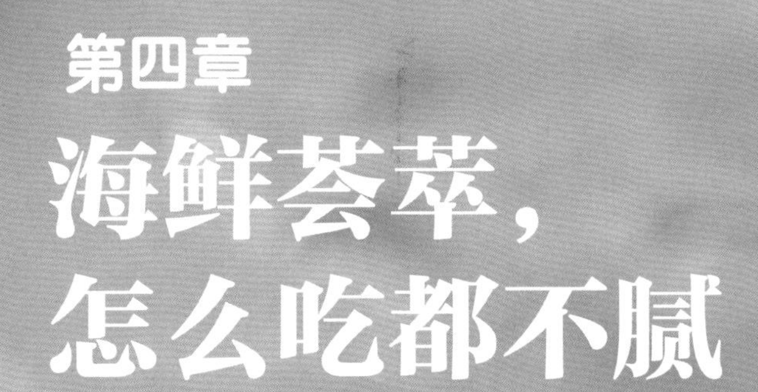

第四章

海鲜荟萃，怎么吃都不腻

起初做三明治的人也许未曾料到，
三明治居然可以变换出这么多口味。
面包可以是吐司、汉堡，也可以是口袋饼、法棍，
中间的馅料除了肉、蛋，竟然还可以是海鲜，
一口一口停不下来！

虾仁牛油果三明治

人份： 2人份　**时间：** 15分钟

牛油果中富含叶酸，很适合小孩和孕妇食用，可促进儿童的智力发育。

准备材料

法棍片2片，鲜虾4只，黑胡椒碎少许，牛油果1个，芝士片1片，盐少许，沙拉酱10克

制作步骤

1 将处理好的鲜虾用平底锅煎（或用烤箱烤）至熟，在虾上面放盐和黑胡椒碎。

2 用勺子或叉子将洗净的牛油果压成泥状。

3 法棍片先用多士炉热一下，更脆更香。

4 将牛油果泥涂至烤好的2片法棍片上后，依次放上芝士片、虾仁、沙拉酱，压实。

5 随后用刀将法棍片一分为二即可。

小贴士

处理虾时，除了去壳，也一定要去除虾线。虾线可以用牙签挑出，也可以用刀开背去除。

鸡蛋鲜虾三明治

人份：1人份　**时间：**8分钟

玉米能降低血脂，对高血脂、动脉硬化、心脏病的患者有益，并可延缓人体衰老，预防脑功能退化，增强记忆力。

准备材料

全麦吐司3片，鸡蛋1个，牛奶少许，熟虾仁少许，淡芝士1片，玉米粒适量，黑胡椒碎少许

制作步骤

1 鸡蛋加少量牛奶打散，加入玉米粒混合。

2 放入微波炉加热20秒左右，拿出搅散后再加热15秒。

3 取出，放入熟虾仁、黑胡椒碎，混合均匀。

4 3片全麦吐司之间夹鸡蛋虾仁馅儿，加淡芝士，再次加热使淡芝士微微融化。

5 斜线对切，装盘即可。

小贴士

可以使用烤箱或煎锅对全麦吐司进行简单的加工，烤或煎至两面微黄即可，更能增添酥脆的口感。

鲜虾欧姆蛋三明治

人份：1人份　　**时间：**12分钟

准备材料

白吐司1片，切达芝士1片，冷冻虾3只，鸡蛋2个，洋葱50克，酸黄瓜1根，番茄酱、盐、芥末酱、牛奶、食用油各适量

制作步骤

1 将切达芝士切成长宽1厘米的正方形。

2 冷冻虾放入盐水中解冻，处理干净切成小粒；洋葱洗净切小块。将鸡蛋打散，加入切块的芝士、虾粒、洋葱块，再倒入牛奶，拌匀并加入少许盐。

3 在平底锅中加入食用油，将蛋液倒入平底锅中做成鲜虾欧姆蛋，起锅对半切开。

4 将酸黄瓜捣碎，白吐司的一面抹上番茄酱，放上捣碎的酸黄瓜，再放上做好的鲜虾欧姆蛋，最后加适量的番茄酱和芥末酱即可。

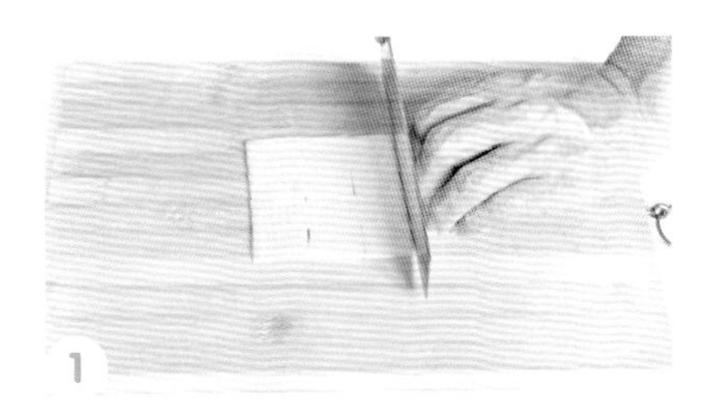

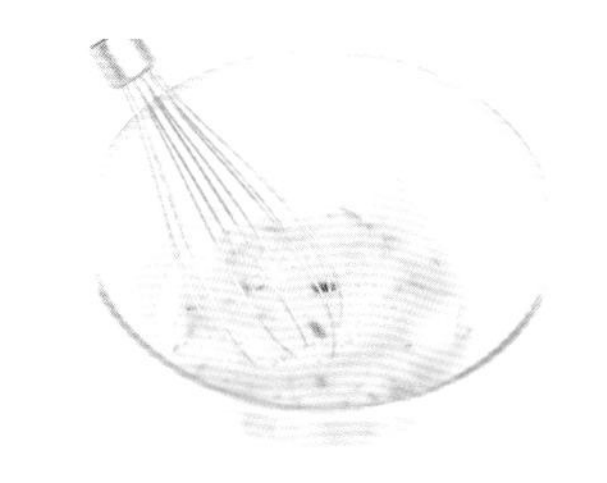

小贴士

要做出嫩软蓬松厚实的蛋饼，可以只取蛋白，加牛奶、奶油或水，快速搅拌，打出泡沫保持蛋内水分。

鲜虾开口三明治

人份：2人份　**时间：**15分钟

柠檬汁中含有大量柠檬酸盐，柠檬酸盐能够抑制钙盐结晶，有减缓肾结石形成的作用。

准备材料

白吐司2片，虾仁8个，切块牛油果150克，洋葱末60克，蒜末适量，柠檬汁少许，盐适量，黑胡椒少许，辣椒粉适量，橄榄油适量

制作步骤

1 将白吐司切去四边，虾仁中加入柠檬汁、橄榄油、盐和辣椒粉腌制。

2 把牛油果肉捣成泥，加入洋葱末混合，再加入柠檬汁、橄榄油和盐拌匀，做成洋葱牛油果酱。

3 烤箱预热至180℃，放入白吐司烤5分钟。

4 同时，取平底锅中火加热，加入橄榄油炒香蒜末，再放入虾仁煎熟。

5 取出烤过的白吐司，每片涂上一层洋葱牛油果酱，摆上4个虾仁，再撒上黑胡椒即可。

小贴士

如果没有专用的工具，可以用叉子把牛油果捣成泥。

炸虾三明治

人份：2人份

时间：8分钟

虾营养丰富，含有蛋白质、脂肪、糖类、谷氨酸、维生素B_1、维生素B_2等营养成分。虾肉还含有虾青素，有助于预防癌症、增强免疫力。

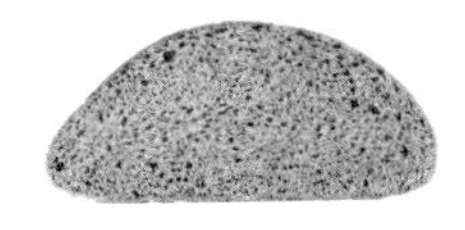

准备材料

长条杂粮吐司2片，虾仁100克，鸡蛋1个，樱桃番茄3个，青柠檬1个，干淀粉2匙，食用油适量，盐、黑胡椒粉、鸡粉、料酒各少许

制作步骤

1 虾仁洗净沥干，装碗，加入盐、黑胡椒粉、鸡粉、料酒腌渍5分钟左右。

2 打散鸡蛋，放入腌渍好的虾仁，再加上2匙干淀粉，用筷子搅拌均匀，让每个虾仁都裹上蛋液。

3 锅里放入适量的食用油烧至八成热，倒入虾仁用中火炸1分钟左右，呈金黄色，捞起关火，用厨房专用吸油纸吸去多余的油分。

4 樱桃番茄洗净切小瓣；青柠檬洗净切开，备用。

5 长条杂粮吐司上铺满炸好的虾仁，再摆上樱桃番茄。

6 吃的时候挤上青柠檬汁即可。

小贴士

青柠檬汁可以很好地去掉油炸虾仁的油腻感。

龙虾三明治

人份： 1人份　**时间：** 15分钟

龙虾含有丰富的镁，镁对心脏活动具有重要的调节作用，能很好地保护心血管系统，减少血液中的胆固醇含量，预防动脉硬化。

准备材料

法棍1条，熟龙虾肉100克，蛋黄酱20克，葱花少许，美乃滋50克，洋葱末30克，酸黄瓜20克，水煮蛋1个，西芹15克，胡萝卜15克，盐少许，柠檬汁、生菜叶各适量

制作步骤

1 洋葱末用纱布包住，在流水中搓洗，充分洗净辛辣味后沥干水分；将水煮蛋的蛋黄压碎，蛋白及酸黄瓜切末；西芹及胡萝卜洗净切细丁。将以上所有材料加美乃滋充分拌匀即成塔塔酱。

2 将熟龙虾肉装碗，挤入柠檬汁，接着放入蛋黄酱、塔塔酱、葱花、盐，拌匀。

3 将法棍从侧面剖开，放入烤箱中，烤约5分钟至热。

4 把洗净沥干的生菜放到法棍上，接着放上调好味儿的龙虾肉即可。

小贴士

塔塔酱常用来搭配海鲜类的油炸物、生菜或是无盐的饼干。

金枪鱼开口三明治

人份：2人份　时间：20分钟

金枪鱼富含铁和维生素B_{12}，经常食用能预防贫血。金枪鱼还富含钙和维生素D，能强健骨骼。

准备材料

无边吐司2片，罐头金枪鱼120克，番茄1个，切片芝士2片，意式香草碎适量，盐适量，黑胡椒碎少许，黄油适量

制作步骤

1 烤箱预热至180℃，番茄洗净切片备用。

2 无边吐司刷上黄油后，放在刷过黄油的烤盘上。

3 依次铺上番茄片和沥干水分的金枪鱼，撒上盐和黑胡椒碎，再铺上切片芝士。

4 放入烤箱烤15分钟。

5 取出烤过的开口三明治，撒上意式香草碎作点缀即可。

小贴士

使用马苏里拉芝士代替普通芝士能制造出拉丝的效果。

金枪鱼鸡蛋三明治

人份：2人份　　**时间：**13分钟

准备材料

白吐司2片，金枪鱼罐头（水浸）半罐，蛋黄酱2勺，鸡蛋1个，盐、黑胡椒碎各少许

制作步骤

1 鸡蛋凉水下锅，水沸继续煮8分钟，将煮好的鸡蛋捞出，放入凉水中冷却，剥去蛋壳备用。

2 备好的白吐司切去四边；金枪鱼肉碾碎；将蛋黄、蛋白分离，蛋白切成小丁，蛋黄压碎。

3 金枪鱼肉、鸡蛋装入碗中，拌入蛋黄酱、盐、黑胡椒碎，充分搅拌均匀。

4 将拌匀的食材均匀地铺于白吐司上，盖上白吐司合起来，压紧后对角切开即可。

1

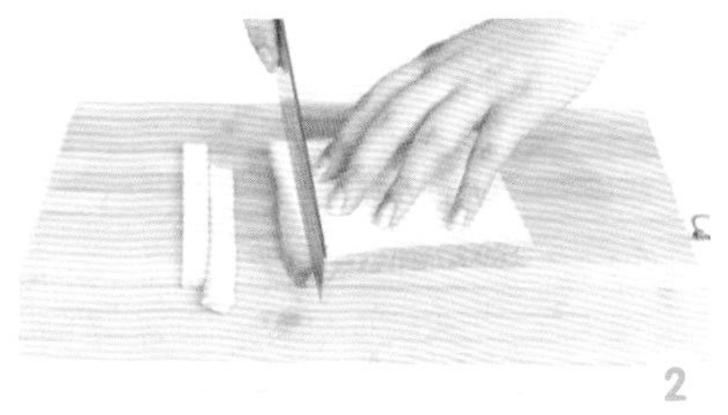
2

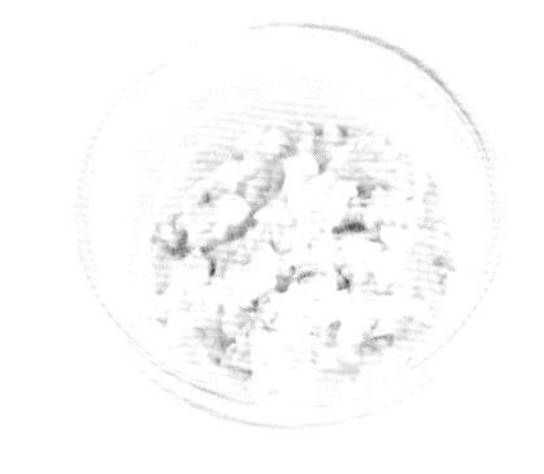
3

4

小贴士

切鸡蛋的时候可以将刀放入冷水中浸泡一下，这样不容易黏刀。

牛油果是叶酸的良好来源，这种重要的维生素能预防胎儿出现先天性神经管缺陷，减少成年人患癌症和心脏病的可能性。

扫一扫看视频

番茄牛油果金枪鱼三明治

人份：2人份　时间：8分钟

准备材料

白吐司2片，金枪鱼罐头60克，番茄半个，牛油果半个，柠檬汁2小匙，黄油、黑胡椒碎各适量

制作步骤

1 番茄洗净切片，牛油果洗净，去皮、去核后切片，装碗。

2 白吐司单面涂抹上黄油，放入烤箱中，烤至微热后取出。

3 白吐司上依序加入番茄片、牛油果片、金枪鱼肉。

4 加入少许黑胡椒碎，最后根据个人喜好淋上一些柠檬汁即可。

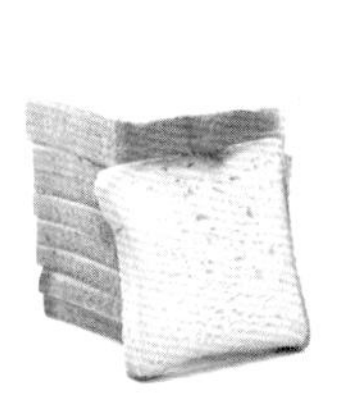

小贴士

牛油果去皮切片后，可泡入加有柠檬汁的水中，以免氧化。

海鲜肠三明治

人份： 2人份　**时间：** 8分钟

海鲜肠味道鲜美，能刺激食欲。

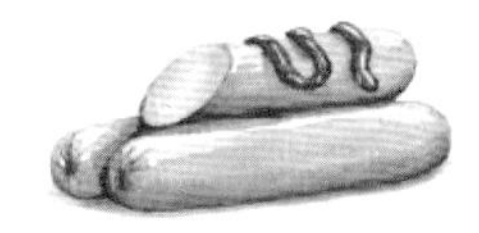

准备材料

生菜50克，汉堡餐包40克，海鲜肠20克，芝士2片，黄油20克

制作步骤

1 备好的海鲜肠对半切开，待用。

2 洗净的生菜切小块，待用。

3 热锅放入黄油，加热至融化，放入汉堡餐包，稍微煎至其吸入黄油，盛出待用；再放入海鲜肠稍微煎热，取出。

4 将汉堡餐包横向切开，在汉堡餐包下半部分放入海鲜肠，再放入芝士片，最后放上生菜块，盖上另一半汉堡餐包即可。

小贴士

海鲜肠也可换成其他口味的香肠。

金枪鱼烤吐司三明治

人份：2人份　**时间：**10分钟

金枪鱼中的不饱和脂肪酸含量很高，还富含牛磺酸，可健脑益智，强化肝脏功能。

准备材料

白吐司2片，罐装金枪鱼2大匙，青蒜1/2根，洋葱15克，樱桃番茄2个，蛋液适量，黑胡椒粉1/4小匙

制作步骤

1 青蒜洗净切末。

2 樱桃番茄洗净切片。

3 洋葱剥皮洗净后切末。

4 将金枪鱼、青蒜末、洋葱末、黑胡椒粉混合拌成馅。

5 在白吐司的其中一面涂上蛋液，放上金枪鱼馅。

6 将白吐司放入180℃的烤箱中，烤约6分钟，取出后放上樱桃番茄片即可。

小贴士

喜欢重口味的，还可在金枪鱼馅里调入少许芥末去腥味。

金枪鱼沙拉三明治

人份： 2人份　**时间：** 5分钟

玉米富含维生素，常食可促进肠胃蠕动，加速有毒物质的排泄。而以玉米榨成的玉米油富含不饱和脂肪酸，对降低血浆中的胆固醇和预防冠心病有一定作用。

准备材料

长条芝麻面包2个，罐装金枪鱼50克，玉米粒10克，生菜叶2片，紫洋葱末20克，美乃滋1大匙，白糖1/4小匙，黑胡椒粉1/4小匙

制作步骤

1 将罐装金枪鱼沥干汤汁；生菜叶洗净并沥干水分。

2 将金枪鱼和玉米粒倒入碗中，加入紫洋葱末及美乃滋、白糖、黑胡椒粉，拌匀，即为金枪鱼沙拉。

3 将长条芝麻面包放进烤箱烤至微热，取出后从中间剖开，在中间依序放上生菜叶及金枪鱼沙拉即可。

小贴士

如果不喜欢甜甜的口感，可将白糖换成柠檬汁。

芒果鲜虾三明治

人份： 1人份　**时间：** 8分钟

芒果中的维生素C含量高于一般水果，常食芒果可以持续为人体补充维生素C，降低胆固醇、甘油三酯，有利于防治心血管疾病。

准备材料

白吐司1片，芒果丁40克，熟虾仁40克，芝士丝10克，奶油1小匙，美乃滋适量，香芹末少许

制作步骤

1 烤箱以180℃预热，备用。

2 将熟虾仁与美乃滋、芒果丁拌匀。

3 将白吐司放入铺有锡纸的烤盘中，烤至微热后取出。

4 在烤好的白吐司上面抹上奶油。

5 将拌好的熟虾仁、芒果丁放在白吐司上，再撒上芝士丝。

6 再将白吐司放入烤箱中，烤至芝士丝融化后取出，再撒上适量香芹末装饰即可。

小贴士

香芹的香味会更好地激发出虾的鲜美。

日式沙丁鱼三明治

人份：2人份　时间：18分钟

沙丁鱼富含磷脂，对于胎儿的大脑发育具有促进作用，适于孕妇食用。沙丁鱼富含不饱和脂肪酸，尤其是Omega-3脂肪酸，能在一定程度上预防心血管病。

准备材料

法棍片2片，沙丁鱼7条，黑橄榄3颗，莳萝草碎少许，干淀粉适量，意大利香醋、盐、黑胡椒粉各少许，食用油适量

制作步骤

1 锅中注入适量的油，用小火加热。

2 沙丁鱼切开，去头，去内脏，用水洗净。两手食指按住鱼脊骨，向两侧分开鱼腹，折断鱼尾处的骨头，慢慢取出脊骨，撒上盐、黑胡椒粉，往鱼腹中塞入莳萝草碎，在鱼腹和鱼身外撒上一层薄薄的干淀粉，把鱼肉按平。

3 将沙丁鱼放入油锅中，炸至焦脆后沥干油分。

4 黑橄榄洗净切片。在法棍片上放上沙丁鱼、黑橄榄片，最后撒上莳萝草碎，淋上意大利香醋即可。

若是想在早晨制作这一款三明治，要在前一天晚上提前处理好沙丁鱼，因为沙丁鱼处理相当耗时。

三文鱼生菜三明治

人份： 1人份　**时间：** 8分钟

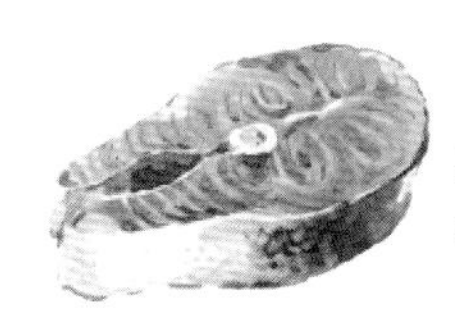

三文鱼是一种生长在高纬度地区的冷水鱼类，富含Omega-3脂肪酸，能预防动脉粥样硬化。

准备材料

炸面包圈1个，带皮三文鱼2片，生菜叶少许，盐、黑胡椒碎、柠檬汁、奶油芝士各适量，食用油少许

制作步骤

1 三文鱼片两面撒上盐、黑胡椒碎、柠檬汁，腌制片刻。
2 煎锅注油烧热，放入三文鱼片，煎熟后盛出，待用。
3 炸面包圈横刀切开，在其中的一片上抹上奶油芝士。
4 逐一放上生菜叶、煎三文鱼片，再盖上另1片炸面包圈即可。

小贴士

三文鱼片可以提前腌好，放入冰箱保存，以便更好入味。